Der medizinischen Fakultät
der Universität Würzburg
in Dankbarkeit
gewidmet

SCHRIFTEN AUS DEM GESAMTGEBIET DER GEWERBEHYGIENE
HERAUSGEGEBEN VON DER DEUTSCHEN GESELLSCHAFT FÜR GEWERBEHYGIENE
IN FRANKFURT A. M., PLATZ DER REPUBLIK 49
==== HEFT 38 ====

Die Unfall- und Gesundheitsgefahren in der

Steinkohlenteerdestillation

nebst einigen Vorschlägen zu ihrer Bekämpfung

Von

Dr. phil. Dr. med. h. c. **H. Leymann**

Geh. Oberregierungsrat
Berlin

Mit 2 Abbildungen

Berlin
Verlag von Julius Springer
1932

ISBN-13: 978-3-642-93766-8   e-ISBN-13: 978-3-642-94166-5
DOI: 10.1007/978-3-642-94166-5

Alle Rechte, insbesondere das der
Übersetzung in fremde Sprachen, vorbehalten.

Vorwort.

Für die wirksame Bekämpfung und Verhütung der Unfälle und sonstigen Gesundheitsschädigungen in den einzelnen Gewerbezweigen ist es von wesentlicher Bedeutung, einerseits deren Häufigkeit und allgemeine Ursachen, andererseits die besondere Art und den Hergang der wichtigeren Unfälle und Gesundheitsschädigungen zu kennen. Das ist selbstverständlich und bedarf keiner Erklärungen.

Die Häufigkeit und die allgemeinen Ursachen der Unfälle und eines großen Teils der sonstigen Gesundheitsschädigungen lassen sich für manche Gewerbezweige auf Grund der statistischen Angaben in den Veröffentlichungen des Reichsversicherungsamts und in den Berichten verschiedener Berufsgenossenschaften ermitteln.

Die besondere Art und der Hergang der wichtigeren Unfälle und sonstigen Gesundheitsschädigungen ergeben sich aus den Beschreibungen, die darüber in den Jahresberichten der Gewerbeaufsichtsbeamten und der Berufsgenossenschaften veröffentlicht worden sind.

Sowohl die Häufigkeit und die allgemeinen Ursachen der Unfälle und Gesundheitsschädigungen wie ihre besondere Art hängen in hohem Maße von dem Arbeitsverfahren und der Art der verwendeten Maschinen und sonstigen Betriebseinrichtungen sowie von den Eigenschaften der verarbeiteten Rohstoffe und der Erzeugnisse ab. Eine Besprechung der Unfall- und Gesundheitsgefahren in einem bestimmten Gewerbezweige wird daher ohne eine Beschreibung der Grundzüge des Arbeitsverfahrens und der Eigenschaften der Arbeitsstoffe mehr oder weniger lückenhaft und schwer verständlich sein. Diese wird daher auch an die erste Stelle zu setzen sein, dann werden zweckmäßig die Häufigkeit und die allgemeinen Ursachen der Unfälle usw., danach die Art und der Hergang der wichtigeren Unfälle und Gesundheitsschädigungen und zum Schluß die Maßnahmen zum Schutze des Lebens der Gesundheit der Arbeitnehmer zu erörtern sein.

Diese Einteilung ist daher auch der nachstehenden Besprechung der Unfall- und Gesundheitsgefahren in der Industrie der Steinkohlenteerdestillation zugrunde gelegt.

Diese scheinen einer besonderen Bearbeitung wert zu sein, weil die Teerdestillation ein wichtiger Zweig der chemischen Industrie ist und ihre Erzeugnisse nicht nur die Grundlage der Anilinfarbenindustrie bilden, sondern auch in vielen anderen Gewerben verwendet werden. Die Ergebnisse einer Untersuchung über die Unfall- und Gesundheitsgefahren in den Steinkohlenteerdestillationen werden daher in gewissem Umfange auch für die Unfall- und Gesundheitsgefahren in den Betrieben gelten, welche Teererzeugnisse verarbeiten oder verwenden.

Frankfurt a. M., im November 1931.
Berlin

Deutsche Gesellschaft für Gerwerbehygiene
Der Vorsitzende des
Technischen Ausschusses:
Dr. phil. Dr. med. h. c. **Leymann,**
Geh. Oberregierungsrat.

Inhaltsverzeichnis.

Seite

A. Das Arbeitsverfahren in der Steinkohlenteerdestillation. 8
   Die Eigenschaften des Teers und der Teerbestandteile 10
B. Die Häufigkeit und die allgemeinen Ursachen der Unfälle und Gesundheitsschädigungen 11
C. Die besondere Art und der Hergang der wichtigeren Unfälle und sonstigen Gesundheitsschädigungen 15
   a) Unfälle durch Bruch oder Zerknall von Destillierkesseln und Vorwärmern 16
   b) Unfälle durch Zusetzen von Abzugsrohren der Destillierkessel . . . 20
   c) Unfälle durch unvorsichtiges Auftauen oder gewaltsames Öffnen von verstopften Hähnen zum Ablassen von Pech oder heißem Teer . 21
   d) Unfälle durch Herausspritzen von heißem Teer usw., wenn Wasser oder nasser Dampf in die Behälter gelangte. 22
   e) Unfälle durch Entzündung und Brand von Teer, Teerölen oder Gasen 22
   f) Unfälle durch Entzündung und Brand von Heizölen und Heizgasen 24
   g) Unfälle durch Überlaufen oder Ausfließen von Behältern für Öle usw., die dabei in Brand geraten 25
   h) Unfälle durch Zerknalle beim Überdrücken von Teer, Teerölen usw. 25
   i) Unfälle infolge von Bränden und Explosionen der Teeröle, die durch offenes Licht oder Feuer hervorgerufen sind 25
   k) Unfälle durch Entflammen von mit Teer oder Teerölen getränkten Kleidern. 27
   l) Unfälle durch Entflammen von Benzol, das zum Waschen der Hände benutzt wurde 27
   m) Unfälle durch Brände und Explosionen, deren Ursachen nicht ermittelt sind 27
   n) Unfälle durch heiße Gase oder Sturz in heiße Flüssigkeiten 28
   o) Augenverletzungen 29
   p) Unfälle anderer Art 30
   q) Gesundheitsschädigungen 30
      aa) Vergiftungen durch gesundheitsschädliche Gase beim Besteigen von Destillierkesseln usw. 30
      bb) Vergiftungen durch Benzol usw. 32
      cc) Vergiftungen durch Schweröldämpfe 33
      dd) Vergiftungen durch Schwefelwasserstoff. 34
      ee) Vergiftungen durch nicht festgestellte Stoffe 34
      ff) Hauterkrankungen 35
D. Maßnahmen und Einrichtungen zum Schutze des Lebens und der Gesundheit 35

A. Das Arbeitsverfahren in der Steinkohlenteerdestillation.

Der Rohstoff der Teerdestillation ist der in den Gasanstalten und Kokereien anfallende Steinkohlenteer. Er enthält eine außerordentlich große Zahl der verschiedenartigsten chemischen Verbindungen, von denen nach dem Schrifttum etwa 90 schon rein dargestellt und erforscht sind.

Die hauptsächlichsten Bestandteile sind:

Kohlenwasserstoffe wie Benzol, Naphthalin, Anthrazen, Phenanthren nebst ihren Homologen, in geringen Mengen auch alliphatische Kohlenwasserstoffe,

Phenole nebst Homologen, Naphtole,

Stickstoffhaltige Verbindungen wie Ammoniak, Anilin, Pyridin, Akridin, Zyan-Verbindungen,

Schwefel-Verbindungen wie Schwefelwasserstoff, Schwefelkohlenstoff, Thiophene, Schwefel-Ammonium, Schwefel-Zyan-Verbindungen,

Wasser, welches Ammoniak, Schwefel-Ammonium, kohlensaures Ammoniak u. a. gelöst enthält,

endlich das Pech, welches die ganz hochsiedenden und die nichtsiedenden Bestandteile des Teers enthält.

Der Teer wird von den Gewinnungsstätten in Fässern, Kesselwagen oder Tankschiffen zu den Destillationen geschafft und hier in große Behälter gepumpt oder in anderer Weise befördert, in denen er zur tunlichsten Abscheidung des Ammoniakwassers längere Zeit der Ruhe überlassen wird. Die Entfernung des Wassers ist nötig, weil es die Destillation stark stören kann. Sie wird in manchen Betrieben — besonders im Winter — durch gelindes Erwärmen des Teeres unterstützt. Dies geschah früher durch unmittelbares Einleiten von Dampf in den Teer. Jetzt erfolgt es meistens in der Weise, daß der Dampf durch in die Lagergefäße eingebaute Heizröhren geleitet wird. Das abgeschiedene Ammoniakwasser wird in der Regel in den Teerdestillationen nicht weiter verarbeitet, sondern an die Ammoniakfabriken abgegeben.

Der von dem größten Teil des Ammoniakwassers befreite Teer wird in die Destilliergefäße abgelassen oder in diese gepumpt oder gedrückt.

Die Destilliergefäße sind von sehr verschiedener Bauart und Größe. Vielfach benutzt man stehende, zylindrische Blasen mit Helm und eingezogenem Boden, die zuweilen auch mit Rührwerken versehen sind. In anderen Betrieben werden liegende walzenförmige oder auch Flammrohrkessel von etwa 15—40 cbm Inhalt benutzt. Die Kessel sind eingemauert und meistens mit einer Vorfeuerung versehen. Die Heizung erfolgt durch Steinkohlen oder Koks und neuerdings auch durch Öl oder Gas.

Das Anheizen der gefüllten Kessel muß mit Vorsicht erfolgen, denn das in dem Teer stets noch enthaltene Ammoniakwasser gibt beim Erhitzen Anlaß zu starkem Schäumen, wodurch ein Übersteigen des Kesselinhaltes entstehen kann. Infolgedessen zieht man es jetzt meistens vor, den Teer zunächst in langsamem Strome durch eine kleine Vordestillierblase fließen zu lassen, in der er bis auf etwa 140° erwärmt wird. Dabei entweichen zunächst wie auch beim sonstigen Destillieren schwefel- und ammoniakhaltige Gase. Dann destillieren Wasser und ein Teil des Leichtöls ab. Der heiße Teer fließt darauf in den Hauptdestillierkessel, in dem er durch direkte Feuerung erhitzt und weiter destilliert wird. Die Heizung des Vordestillierkessels erfolgt durch die aus dem Hauptdestillierkessel abziehenden Dämpfe, die in Röhren hindurchgeleitet werden. Der Teer dient daher zugleich als Kühlflüssigkeit.

Beim Destillieren, gleichgültig ob es auf die eine oder andere Weise erfolgt, findet eine Trennung der Destillate nach der Siedewärme oder nach dem spezifischen Gewicht statt. Meistens wird dabei so verfahren, daß die bis 180° übergehenden Teile als Leichtöl für sich aufgefangen werden. Die von 180 bis etwa 250° übergehenden Teile werden als Mittel- oder Karbolöl bezeichnet und gleichfalls für sich aufgefangen. Von etwa 250—300° geht das Schweröl und von 300—350° das Anthrazenöl über, die beide ebenfalls getrennt aufgefangen werden. Nach dem Abdestillieren des Leichtöls oder des Mittelöles werden meistens überhitzter oder wenigstens trockener Wasserdampf in den Kesselinhalt geleitet, um die Destillation der hochsiedenden Teile zu erleichtern und das Anbrennen des Peches an die Wände zu verhindern. In vielen Betrieben erfolgt die Destillation, nachdem das Leichtöl abgetrieben ist, unter starker Luftverdünnung.

In dem Kessel bleibt nach dem Übergehen des Anthrazenöles als Rückstand das Pech, welches etwa 60—70% des Steinkohlenteeres ausmacht. Früher wurde es unmittelbar nach Beendigung der Destillation in Gruben abgelassen, in denen es erstarrte. Dabei entweichen aber unangenehm riechende gelbliche Dämpfe in großer Menge. Daher wird es jetzt meistens zunächst in einem geschlossenen Behälter abgelassen, in dem es sich bis auf etwa 100—150° abkühlt. Dann wird es in die Gruben abgelassen, aus denen es nach dem Erstarren herausgehackt wird.

Die Verdichtung der aus dem Destillierkessel entweichenden Dämpfe erfolgt in Kühlern durch Wasser oder — wie schon erwähnt wurde — durch Teer, der dabei vorgewärmt wird. Die Kühlung muß sorgfältig geregelt werden. Anfangs, solange Leichtöl und Wasser übergehen, wird stark gekühlt, später wird der Kühler warm gehalten, um seine Verstopfung durch fest werdendes Naphthalin zu verhindern. Es empfiehlt sich, in das Destillationsrohr eine Dampfleitung einzubauen, um es bei etwaigen Verstopfungen durchblasen zu können. Man kann auch das Destillationsrohr mit einem Bleirohr umwickeln, das an die Dampfleitung angeschlossen ist, oder dicht über dem Destillationsrohr und mit diesem gleichlaufend ein Dampfrohr anbringen, das an der unteren Seite mit feinen Löchern versehen ist, durch die Dampf auf das

Destillationsrohr geblasen werden kann. Dann ist es möglich, es zu erwärmen und etwaige feste Ansätze zum Schmelzen zu bringen. In einem früher von mir geleiteten ausländischen Betriebe wurden Kühler benutzt, die so eingerichtet waren, daß jedes einzelne Kühlrohr durch Abnehmen eines Deckels ohne Schwierigkeiten geöffnet und durchgestoßen werden konnte.

Die weitere Verarbeitung der getrennt aufgefangenen Destillate ist sehr verschieden. Das Leichtöl wird schon bei der Destillation durch einen Abscheider von dem gleichzeitig übergehenden Wasser getrennt und dann in zylindrischen, unten konisch zugehenden Gefäßen unter starkem Umrühren mittels Preßluft oder Rührwerken mit Natronlauge behandelt, welche die Phenole aufnimmt. Nachdem das Öl von der Natronlauge getrennt und mit Wasser ausgewaschen ist, wird es mit verdünnter Schwefelsäure behandelt, um die Pyridine zu entfernen, und dann mit konzentrierter Schwefelsäure von 66° B durchgerührt, welche die harzartigen Stoffe auflöst. Das von der Schwefelsäure getrennte Rohbenzol wird wieder gewaschen und dann meistens noch ein oder mehrmals destilliert und in 90er und 50er Benzol, Lösungsbenzol und Schwerbenzin getrennt.

Die rohe Phenol-Natrium-Lösung wird zur Entfernung des Benzols usw. erwärmt und mit Dampf durchgeblasen. Dann wird sie zur Abscheidung des Phenols mit verdünnter Schwefelsäure oder mit Kohlensäure behandelt, wobei giftige Gase, besonders Schwefelwasserstoff, entweichen. Die weitere Verarbeitung der Phenole erfolgt meistens in besonderen Betrieben.

Aus den Mittelölen scheidet sich beim Stehen und Erkalten Naphthalin ab, das durch Filtrieren und Pressen von dem Öl getrennt wird und durch nochmalige Destillation in eisernen Kesseln gereinigt werden kann. Aus dem vom Naphthalin getrennten Öl werden zuweilen noch die Kresole gewonnen. Meistens wird es aber ohne weiteres zum Tränken von Holz, zur Herstellung von Holzanstrichmitteln, Desinfektionsmitteln usw. sowie als Heizstoff für Ölfeuerungen oder als Betriebsstoff für Dieselmotoren verwendet. In gleicher Weise wird auch das Schweröl benutzt.

Aus dem Anthrazenöl scheidet sich beim Stehen und Erkalten das Anthrazen gemischt mit anderen Stoffen kristallinisch ab. Es wird durch Filtrieren von dem Öl getrennt und durch heißes Pressen in hydraulischen Pressen von einem Teil der Beimengungen befreit. Eine weitere Verarbeitung des Anthrazens findet in der Regel in den Teerdestillationen nicht statt. Das Anthrazenöl wird wie das Schweröl benutzt.

Auf dem Boden und an den inneren Seitenwänden der Destillierkessel setzt sich bei jeder Destillation ein koksartiger Ansatz ab, der je nach der Beschaffenheit des verarbeiteten Teeres und der Art der Feuerung mehr oder weniger stark ist. Da der Ansatz den Wärmedurchgang beeinträchtigt und das Erglühen der Wände begünstigt, muß er von Zeit zu Zeit durch Abhacken und Abkratzen entfernt werden. In einigen Betrieben geschieht dies nach jeder Destillation, in anderen erst nach mehreren Destillationen. Auch in den direkt geheizten Öldestillierkesseln bildet sich ein Ansatz, der nach einiger Zeit entfernt werden muß.

Das Heraushacken des Ansatzes ist eine unangenehme Arbeit. Die Arbeiter müssen dazu in die meist noch warmen Kessel einsteigen und oft stundenlang darin bleiben. Sie sind dabei dem Staub, der beim Loshacken des Ansatzes entsteht, und den Dämpfen und Gasen, die in dem Kessel zurückgeblieben sind, oder sich aus dem Ansatz entwickeln, ausgesetzt. Erfolgt die Beleuchtung im Innern des Kessels nicht durch elektrische Lampen — was bei weitem vorzuziehen ist —, so wird die Luft auch noch durch die Dünste und Verbrennungsstoffe der Beleuchtung verunreinigt.

Die Einrichtungen und das Arbeitsverfahren in den einzelnen Teerdestillationen sind selbstverständlich sehr verschieden. Sie richten sich an erster Stelle nach der Art der herzustellenden Arbeitserzeugnisse. In den Teerdestillationen der Dachpappenfabriken werden z. B. oft nur die Leichtöle abgetrieben und der dickflüssige Teer ohne weiteres oder mit gewissen Zusätzen zum Tränken der Dachpappe benutzt. In einigen Betrieben werden nur ganz wenige Rohdestillate gewonnen, in anderen werden diese noch weiter verarbeitet. Es ist kaum möglich und für den vorliegenden Zweck auch nicht nötig, alle diese abweichenden Arbeitsweisen zu besprechen, denn die damit verbundenen Gefahren sind im wesentlichen die gleichen.

Während bei dem vorstehend beschriebenen Verfahren jedesmal die Kessel gefüllt, abgetrieben, entleert, gereinigt und wieder gefüllt werden müssen — was unwirtschaftlich ist und die Kessel stark angreift —, findet bei dem Verfahren von Raschig die Destillation ohne Unterbrechung und größtenteils unter starker Luftverdünnung statt. Die Zufuhr des Teeres erfolgt ganz selbsttätig in gleichmäßigem Strome durch besonders dazu eingerichtete Pumpen. Die Destilliergefäße werden ausschließlich durch Dampf, überhitzten Dampf oder auf 300° überhitztes Wasser geheizt. Die Destillation geht ständig ohne Unterbrechung vor sich. Die Kessel zur Herstellung des Dampfes und zur Überhitzung des Wassers liegen in einem besonderen von dem Destillationsgebäude ganz getrennten Gebäude. Soweit sich nach der Beschreibung des Verfahrens beurteilen läßt, scheint dieses in gesundheitlicher Beziehung erhebliche Vorzüge zu haben, da die Arbeiter mit den Arbeitsstoffen kaum in Berührung kommen.

Die Eigenschaften des Teers und der Teerbestandteile.

Der Steinkohlenteer selbst und die daraus gewonnenen Teeröle sind sämtlich brennbar und können mit Luft zerknallbare Gemische bilden. Die leichten Teeröle sind schon bei verhältnismäßig niedriger Wärme entflammbar und daher feuergefährlich. Auch der Pechstaub, das fein zerkleinerte Naphthalin und Anthrazen können mit Luft zerknallbare Gemische bilden. In den Teerdestillationen sind dadurch, soweit ich gesehen habe, allerdings noch keine Unfälle vorgekommen, wohl aber in den Brikettfabriken und in chemischen Fabriken.

Der Steinkohlenteer wirkt stark auf die Haut ein und kann besonders bei mangelnder Sauberkeit entzündliche Reizungen und krebsartige Wucherungen der Haut hervorrufen. Auch die meisten Bestandteile des

Steinkohlenteeres scheinen mehr oder weniger auf die Haut einzuwirken, besonders stark das Akridin. Ob sie sämtlich bei lang dauernder Einwirkung auch krebsartige Wucherungen hervorrufen können, ist noch nicht sicher bekannt. Nach den Berichten der Gewerbeaufsichtsbeamten hat jedenfalls das Anthrazenöl schon wiederholt Hautkrebs erzeugt[1]. Sehr bedenklich in dieser Beziehung ist der Pechstaub, der schon vielfach Hautkrebs hervorgerufen hat. Zahlreiche derartige Fälle sind in den Brikettfabriken vorgekommen, aber auch mehrere in den Teerdestillationen. Der Pechstaub greift auch die Augen stark an und ruft sogar Erblindung hervor.

Das Ammoniakwasser und die Phenole wirken stark ätzend. Gelangen sie ins Auge, so rufen sie oft schwere Erkrankungen hervor. Das gilt auch von den bei der Phenolgewinnung und bei der Benzolreinigung gebrauchten Hilfsstoffen — der Natronlauge und der Schwefelsäure.

Die bei der Destillation des Steinkohlenteeres anfangs entweichenden Gase enthalten Schwefelwasserstoff und sonstige gesundheitsschädliche Bestandteile, deren chemische Natur noch nicht ganz sicher bekannt ist.

Beim Ausfällen der Phenole aus ihrer Lösung in Natronlauge entstehen Schwefelwasserstoff und vielleicht noch andere nicht näher bekannte Gase.

Das Benzol und seine Homologen sind anerkannterweise gesundheitsschädlich.

Die vorstehende Darstellung der Eigenschaften des Steinkohlenteeres und der daraus gewonnenen Stoffe läßt, obgleich sie keineswegs erschöpfend ist, doch erkennen, daß die Steinkohlenteerdestillation mit gewissen Unfall- und Gesundheitsgefahren besonderer Art verbunden ist.

B. Die Häufigkeit und die allgemeinen Ursachen der Unfälle und Gesundheitsschädigungen.

Die Unfallhäufigkeit oder Unfallwahrscheinlichkeit eines bestimmten Industriezweiges kommt zahlenmäßig zum Ausdruck, wenn man berechnet, wieviel Unfälle durchschnittlich im Laufe eines Jahres auf je 1000 versicherte Personen oder besser noch auf 1000 Vollarbeiter entfallen sind. Die so errechneten Verhältniszahlen können dann mit den auf die gleiche Weise errechneten Verhältniszahlen anderer Gewerbezweige oder der Gesamtheit aller Gewerbe verglichen werden. Die Unterlagen für diese Berechnungen sind in den vom Reichsversicherungsamt veröffentlichten Unfallursachenstatistiken und in den Jahresberichten der Berufsgenossenschaften enthalten.

In den Unfallursachenstatistiken wird unterschieden zwischen gemeldeten Unfällen, entschädigten Unfällen und Unfällen mit tödlichem Ausgange. Was darunter verstanden wird, kann wohl als bekannt angenommen werden. Die Berechnung der Unfallhäufigkeit kann auf Grund jeder dieser drei verschiedenen Zahlen erfolgen. Am besten ist es selbstverständlich, sie für alle drei durchzuführen. Das ist aber nicht immer möglich und auch nicht unbedingt notwendig. Es genügt z. B. vollständig, wenn die Unfallhäufigkeit auf Grund der entschädigten

---

[1] Vgl. Zentralblatt für Gewerbehygiene 1917, S. 2 ff.

Unfälle und der Unfälle mit tödlichem Ausgange berechnet wird. Nach meiner persönlichen Ansicht gibt die Berechnung auf Grund der Unfälle mit tödlichem Ausgange — vorausgesetzt, daß die Zahlen genügend groß sind — das zuverlässigste Maß für die Unfallhäufigkeit. Ihr fast gleich steht die Berechnung auf Grund der entschädigten Unfälle. Etwas weniger zuverlässig ist die Berechnung auf Grund der gemeldeten Unfälle. Die Gründe für meine Ansicht habe ich in einer Abhandlung in Band 3, Jahrgang 1926, des Zentralblattes für Gewerbehygiene, S. 35ff., auseinandergesetzt, auf die ich zur Vermeidung von Wiederholungen Bezug nehme.

Die Unterlagen für die Berechnung der Unfallhäufigkeit in den einzelnen Hauptzweigen der chemischen Industrie enthalten die Jahresberichte der Berufsgenossenschaft der chemischen Industrie, und zwar in den ihnen alljährlich beigegebenen mit II und III — für 1929 mit I und II — bezeichneten Tafeln. Tafel II (I) gibt eine Übersicht über die Zahl der versicherten Personen — berechnet als Vollarbeiter — in jedem der 25 Gewerbezweige, welche der Berufsgenossenschaft der chemischen Industrie angehören. Tafel III (II) enthält nähere Angaben über die Zahl der in jedem der Gewerbezweige vorgekommenen entschädigten Unfälle — E — und der Unfälle mit tödlichem Ausgang — T —. Die Unfälle sind ferner nach ihren Ursachen in 19 Gruppen getrennt aufgeführt.

Die Steinkohlenteerdestillation ist unter diesem Namen in den Tafeln nicht aufgeführt. Sie bildet aber den Hauptbestandteil des als Gruppe VII d, 4 (IX, 4 der neuesten Gewerbestatistik) bezeichneten Gewerbezweiges, die Herstellung sonstiger Steinkohlenteer- und Kohlenteerderivate. Zu dieser Gruppe gehören besonders die Teerdestillation, Benzoldestillation, Karbolsäurefabrikation usw. Sie umfaßt aber auch noch einige andere, allerdings nicht sehr umfangreiche Betriebszweige und deckt sich daher zwar ziemlich weitgehend aber nicht völlig mit der Steinkohlenteerdestillation. Ferner ist nicht außer acht zu lassen, daß in den Statistiken der Berufsgenossenschaft die Trennung der Gewerbezweige nicht immer ganz scharf durchzuführen ist, da oft verschiedene Betriebe zu einem Werke vereinigt sind und manche Betriebe auch Nebenbetriebe anderer Art haben. Ich gehe aber wohl kaum fehl, wenn ich annehme, daß die Steinkohlenteerdestillation den bei weitem größten Teil der Gruppe VII d, 4 ausmacht und für die Höhe und Art der Unfallgefahr dieser Gruppe ausschlaggebend ist. Man erhält daher meines Erachtens ein ziemlich zutreffendes Bild über die Unfallhäufigkeit in der Steinkohlenteerdestillation, wenn man diejenige der Gruppe VII d, 4 betrachtet. Zu dem Zwecke habe ich aus den Tafeln II und III der Jahresberichte der Berufsgenossenschaft der chemischen Industrie die auf Seite 14 und 15 befindliche Übersicht angefertigt.

Sie läßt erkennen, wieviel versicherte Personen — berechnet als Vollarbeiter — in den Jahren 1927, 1928 und 1929 in den gesamten Betrieben, die der Berufsgenossenschaft angehören, beschäftigt waren und wieviel davon in der chemischen Großindustrie und in der Gruppe VII d, 4 (Steinkohlenteerverarbeitung) beschäftigt waren. Für alle drei sind für jedes der drei Jahre gesondert angegeben die entschädigten Unfälle und die Unfälle mit tödlichem Ausgang, die beide dann noch weiter nach ihren Ursachen geteilt sind. Unter jede Spalte ist die auf 1000 Vollarbeiter berechnete Unfallzahl gesetzt.

Aus den Übersichten ergibt sich nun, daß bei der Berufsgenossenschaft der chemischen Industrie in den Jahren 1927/29 durchschnittlich auf je 1000 Vollarbeiter 5,87 entschädigte Unfälle — E —, darunter 0,46 Unfälle mit tödlichem Ausgang — T —, bei der chemischen Großindustrie 7,62 E, darunter 0,67 T und bei der Gruppe VIId, 4 (Steinkohlenteerverarbeitung) 6,92 E, darunter 0,67 T vorgekommen sind.

Diese Zahlen sind selbstverständlich keine feststehenden mathematischen Größen, sondern sie schwanken in den einzelnen Jahren stets etwas. Jedenfalls aber haben die Zahlen für die Gruppe VIId, 4 (Steinkohlenteerverarbeitung) in dem letzten Jahrzehnt stets über den Durchschnitt für die ganze Berufsgenossenschaft gelegen und im allgemeinen mit denjenigen für die chemische Großindustrie übereingestimmt. Die Zahlen für die ganze Berufsgenossenschaft wiederum stimmen ziemlich überein mit den Zahlen für die Gesamtheit der gewerblichen Berufsgenossenschaft, denn nach der Unfallursachenstatistik des Reichsversicherungsamts für 1928 — Beilage zum Reichsarbeitsblatt 1930, Nr. 15, Teil IV — Amtliche Nachrichten des Reichsversicherungsamts — sind durchschnittlich auf 1000 Vollarbeiter 5,68 E, darunter 0,46 T gekommen.

In den Jahren 1900—1907 kamen in der Gruppe VIId, 4 (Steinkohlenteerverarbeitung) durchschnittlich auf je 1000 Vollarbeiter 10,15 E, darunter 0,97 T, bei der ganzen Berufsgenossenschaft dagegen 7,5 E, darunter 0,61 T. Man sieht, das Verhältnis ist so ziemlich das gleiche geblieben, aber die Unfallhäufigkeit ist früher in beiden Gruppen höher gewesen.

Unter den Unfallursachen in der Gruppe VIId, 4 (Steinkohlenteerverarbeitung) steht an erster Stelle der Fall von Leitern, Treppen usw. mit 1,88 E und 0 T, gegenüber 1,13 E und 0,04 T bei der ganzen chemischen Industrie und 1,59 E und 0,07 T bei der chemischen Großindustrie. In den Jahren 1924—1926 waren die betreffenden Zahlen 1,23 E und 0,066 T, 0,91 E und 0,037 T, 1,26 E und 0,067 T.

An zweiter Stelle stehen die Unfälle durch feuergefährliche, heiße ätzende Stoffe, giftige Gase usw. mit 1,03 E und 0,18 T, gegenüber 0,61 E und 0,11 T sowie 0,94 E und 0,14 T. Dagegen sind bei sämtlichen gewerblichen Berufsgenossenschaften 1928 auf 1000 Vollarbeiter nur 0,42 E und 0,024 T durch feuergefährliche usw. Stoffe vorgekommen. Daß die Zahl der durch diese Stoffe verursachten Unfälle in der Gruppe VIId, 4 (Steinkohlenteerverarbeitung) verhältnismäßig hoch ist, dürfte nach dem, was weiter vorn über die Eigenschaften der verarbeiteten Rohstoffe und Hilfsstoffe sowie der Erzeugnisse gesagt ist, wohl verständlich sein.

Verhältnismäßig hoch gegenüber den Vergleichsgruppen ist auch die Zahl der Unfälle, die durch Zusammenbruch, Einsturz und Herabfallen von Gegenständen verursacht sind. Dagegen ist die Zahl der Unfälle

Übersicht über die Zahl der in der chemischen Industrie und in zwei Ursachen der auf sie entfallenden Unfälle, für die in dem betreffenden schädigten Unfälle, die einen

Jahr	Zahl der versicherten Personen berechnet als Vollarbeiter	Insgesamt		Motoren		Transmissionen		Arbeitsmaschinen		Hebemaschinen		Dampfkessel, Dampfkochapparate, Dampfleitungen		Sprengstoffe		Feuergefährliche, heiße, ätzende Stoffe, giftige Gase usw.	
		E	T	E	T	E	T	E	T	E	T	E	T	E	T	E	T

A. Sämtliche Industriezweige, die der Berufs-

1927	380 677	1946	165	14	1	34	2	280	4	80	11	11	5	22	11	212	36
1928	401 037	2433	199	5	—	34	7	401	2	82	15	16	5	22	12	266	54
1929	401 659	2491	180	14	—	36	4	332	6	95	9	9	3	25	13	241	43
Zus.:	1 183 373	6870	544	33	1	104	13	1013	12	257	35	36	13	69	36	719	133
	1000	5,87	0,46	0,028	0,001	0,09	0,01	0,85	0,01	0,22	0,03	0,03	0,01	0,06	0,03	0,61	0,11

B. Chemische Großindustrie.

1927	69 426	436	52	2	—	6	—	26	3	31	5	2	1	—	—	55	6
1928	72 981	632	57	1	—	12	4	50	2	34	5	3	—	—	—	81	15
1929	71 014	558	35	1	—	6	1	38	2	28	3	3	—	—	—	64	8
Zus.:	213 421	1626	144	4	—	24	5	114	6	93	13	9	1	—	—	200	29
	1000	7,62	0,67	0,02	—	0,11	0,02	0,53	0,03	0,44	0,06	0,04	—	—	—	0,94	0,14

C. Industrie der Verarbeitung von Steinkohlenteer und Steinkohlenteer- (jetzt

1927	5027	28	3	—	—	1	—	—	—	1	—	1	1	—	—	4	—
1928	5366	42	6	1	—	—	—	5	—	1	1	1	1	—	—	5	1
1929	6068	44	2	—	—	1	—	—	—	2	—	—	—	—	—	8	2
Zus.:	16 461	114	11	1	—	2	—	5	—	4	1	2	2	—	—	17	3
	1000	6,92	0,67	0,06	—	0,12	—	0,3	—	0,24	0,06	0,12	0,12	—	—	1,03	0,18

durch Motoren, Transmissionen, Hebemaschinen, Arbeitsmaschinen usw. in der Gruppe VIId, 4 erklärlicherweise verhältnismäßig gering. Sie hat auf je 1000 Vollarbeiter 0,72 E, also rund 10% aller entschädigten Unfälle betragen, gegenüber 1,10 E bei der chemischen Großindustrie und 1,18 E bei der gesamten Berufsgenossenschaft.

Die Zahlen der übrigen Unfallursachen liegen ziemlich in der gleichen Höhe wie die entsprechenden Zahlen der Vergleichsgruppen. Zum Teil sind die Unfallzahlen auch so klein, daß sie kaum als Durchschnittswerte angesehen werden können.

Die Übersichten lassen nicht nur die verschiedene Höhe der Unfallgefahr oder Unfallwahrscheinlichkeit in der Gruppe VIId, 4 (Steinkohlenteerverarbeitung) und der chemischen Großindustrie sowie der Gesamtheit der der Berufsgenossenschaft angehörigen Gewerbezweige erkennen, sondern sie geben auch einen Anhalt dafür, welchen Gefahren die Unfallverhütung besondere Aufmerksamkeit zu widmen hat.

Zweigen derselben beschäftigten Vollarbeiter sowie über die Zahl und Jahre zum ersten Male Entschädigungen gezahlt sind = E — und der enttödlichen Ausgang hatten = T.

verursacht worden durch																			
Zusammenbruch, Einsturz, Herab- u. Umfallen von Gegenständen		Fall von Leitern, Treppen usw., aus Luken usw., in Vertiefungen usw.		Auf- und Abladen von Hand, Heben, Tragen usw.		Fuhrwerk		Eisenbahnbetrieb		Schiffahrt und Verkehr zu Wasser		Tiere, einschl. aller Unfälle beim Reiten		Handwerkszeug und einfache Geräte		Elektrische Leitungen		Verschiedenes	
E	T	E	T	E	T	E	T	E	T	E	T	E	T	E	T	E	T	E	T

genossenschaft der chemischen Industrie angehören.

152	16	374	17	249	6	174	22	95	17	2	1	10	1	47	—	13	8	177	13
193	12	449	11	313	6	202	27	129	18	6	3	10	1	59	—	21	9	225	17
210	12	514	17	282	1	223	28	126	15	1	1	8	1	63	1	15	6	297	21
555	34	1337	45	844	13	599	77	350	50	9	5	28	3	169	1	49	23	699	51
0,47	0,03	1,13	0,04	0,71	0,01	0,50	0,07	0,30	0,04	0,008	0,004	0,02	0,003	0,14	—	0,04	0,02	0,59	0,04

— Gruppe VIIa (jetzt IX, 2).

38	3	95	10	54	1	33	5	36	7	—	—	2	—	12	—	8	7	36	4
57	5	125	3	81	1	49	6	56	7	1	1	—	—	15	—	9	5	57	3
52	2	120	2	57	—	39	5	57	8	—	—	—	—	18	—	6	2	69	2
147	10	340	15	192	2	121	16	149	22	1	1	2	—	45	—	23	14	162	9
0,69	0,05	1,59	0,07	0,90	—	0,57	0,08	0,70	0,10	—	—	0,01	—	0,21	—	0,11	0,07	0,76	0,04

derivaten (ohne Anilin- und Anilinfarbenherstellung). Gruppe VIId, 4 IX, 4).

7	—	7	—	3	—	1	—	2	2	—	—	—	—	—	—	—	—	1	—
5	—	9	—	5	—	1	—	1	—	1	1	—	—	2	—	—	—	5	2
3	—	15	—	4	—	4	—	1	—	—	—	—	—	—	—	1	—	5	—
15	—	31	—	12	—	6	—	4	2	1	1	—	—	2	—	1	—	11	2
0,91	—	1,88	—	0,73	—	0,36	—	0,24	0,12	0,06	0,06	—	—	0,12	—	0,06	—	0,66	0,12

C. Die besondere Art und der Hergang der wichtigeren Unfälle und sonstigen Gesundheitsschädigungen.

Deutlicher noch als durch die Statistik kommt die besondere Art der Unfallgefahr in den einzelnen Gewerbezweigen und selbstverständlich auch diejenige in der Steinkohlenteerdestillation zum Ausdruck in den Beschreibungen der Unfälle, die in den Jahresberichten der Gewerbeaufsichtsbeamten — GAB. — und den Jahresberichten der Berufsgenossenschaften, im vorliegenden Falle der Berufsgenossenschaft der chemischen Industrie — B. chem. Ind. — enthalten sind. In diesen Berichten sind erklärlicherweise nicht alle Unfälle beschrieben, sondern nur solche, deren Ursache oder Verlauf für die Unfallverhütung von Bedeutung erschienen. Bei den Unfällen, die durch Maschinen, Transport, Auf- und Abladen, Herabfallen von Gegenständen, Sturz usw. verursacht sind, ist meistens nicht angegeben, in welcher Art von Gewerbebetrieb sie sich ereignet haben, denn das ist für die Unfallverhütung ohne besonderen Wert, da z. B. der Betrieb einer Dampfmaschine, Presse, Hobelmaschine und dergleichen stets ziemlich die gleichen Gefahren mit sich bringt, gleichgültig, in welcher Art von Betrieben diese Maschinen verwendet werden. Dagegen ist bei den Unfällen die für einen bestimmten Gewerbezweig eigenartig oder kennzeichnend sind, dieser in der Regel angegeben oder aus der Beschreibung mit Sicherheit zu erkennen.

In den genannten Berichten sind auch zahlreiche Unfälle und andere Gesundheitsschädigungen mehr oder weniger eingehend beschrieben, die sich in Steinkohlenteerdestillationen zugetragen haben. Ich habe nun daraufhin die Jahresberichte der Gewerbeaufsichtsbeamten von 1900 ab und die Berichte der Berufsgenossenschaft der chemischen Industrie von 1889 ab durchgesehen und ausgezogen. Sämtliche darin beschriebene Unfälle usw. hier genau wiederzugeben, ist bei ihrer großen Zahl ausgeschlossen. Es genügt auch die lehrreichen im Wortlaut oder eingehender anzuführen. Der besseren Übersicht wegen habe ich diese nach ihren Ursachen geordnet. Im Vordergrund stehen erklärlicherweise die Unfälle, die durch Brände von Teer oder Teerölen oder Gasen oder durch Explosionen von Teeröldämpfen oder von Gasen im Gemisch mit Luft hervorgerufen sind. Als Ursachen der Brände und Explosionen werden unter anderem angegeben:

Der Bruch oder Zerknall von Destillierkesseln,

das Zusetzen von Destillationsröhren,

das unvorsichtige Auftauen oder gewaltsame Öffnen von verstopften Hähnen zum Ablassen von Pech und Teerölen und die Entzündung des auslaufenden Inhaltes,

die Entzündung von Destillationsgasen,

das vorzeitige oder unvorsichtige Öffnen der Zuleitungen für Heizgase oder Heizöl,

das Überfließen von Behältern für Öle, wobei diese oder ihre Dämpfe mit Feuer oder Licht in Berührung kamen,

das Herausspritzen von heißem Teer, Pech oder Öl, wenn Wasser oder nasser Dampf in die Behälter gelangte,

das Überdrücken von Teerölen oder heißem Pech mittels Preßluft oder Dampf,

das Entflammen von mit Teer oder Teerölen getränkten Kleidern.

Als weitere Unfallursachen werden noch genannt:

Verbrennungen durch heiße Gase, heiße Flüssigkeiten, besonders beim Sturz in damit gefüllte Gruben oder Gefäße.

Augenverletzungen durch Pechsplitter.

Die sonstigen Gesundheitsschädigungen sind durch Destillationsgase, Teeröle, Schwefelwasserstoff, Teer, Pech usw. hervorgerufen.

a) Unfälle durch Bruch oder Zerknall von Destillierkesseln und Vorwärmern.

1. Über den Bruch eines Destillierkessels wird in den Jahresberichten der Gewerbeaufsichtsbeamten für 1925, 1, S. 475, nachstehendes ausgeführt.

Ein schweres Brandunglück ereignete sich in einer Teerdestillation. Bei einer mit Gas geheizten Destillierblase von etwa 20 t Fassungsraum, in der Teeröl (nicht Teer) destilliert wurde, brach während der Mittagspause, 15 Stunden nach Beginn dieser Arbeit plötzlich der ursprünglich nach innen gebogene Boden heraus. Der Inhalt entzündete sich an der Gasfeuerung und floß auf den Fabrikhof, wobei zwei Arbeiter tödlich verunglückten und mehrere andere verletzt wurden. Die Untersuchung der Blase ergab, daß der Boden völlig nach außen gedrückt und dann abgerissen war. Der Boden hatte nur schwachen Koksansatz, da die Blase wie üblich alle 4 oder 5 Wochen gründlich gereinigt worden war. Ein Schutzgewölbe unter dem Boden war nicht vorhanden. Doch war die Feuerung so eingerichtet, daß die Flamme nicht stichflammenartig den Boden berühren konnte. Die Ursache für das Durchdrücken und Abreißen des Bodens konnte nicht einwandfrei geklärt werden. Auf übermäßiges Erhitzen in Verbindung mit dem Flüssigkeitsdruck ist es kaum zurückzuführen. Es muß angenommen werden, daß in der Blase ein starker Druck eingetreten ist, obgleich eine Verstopfung des zum Kühler führenden Rohrs nicht ermittelt werden konnte und die Blase ein Sicherheitsventil besaß. Ob dieses aber nicht aus irgendwelchen Gründen versagt hat, konnte nicht mehr festgestellt werden. Aus Anlaß des Unfalles, der wegen der großen Zahl der im Betriebe befindlichen Blasen gleicher oder ähnlicher Bauart die Beachtung aller beteiligten Stellen verdient, wurde unter der Destillierblase eine Grube von 60 cbm angelegt, die die Füllung der 3—6 vorhandenen Blasen aufnehmen kann und das Weiterfließen des Teers oder Öls verhindert. Ferner sind unter den Blasen kräftige Mauerpfeiler von $1/2$ qm Querschnitt angeordnet worden, um ein Durchdrücken und Herabbrechen der Böden zu verhindern.

Die Annahme, daß das Abreißen durch einen im Innern der Blase wahrscheinlich infolge einer Verstopfung des Abzugsrohrs und des Versagens des Sicherheitsventils entstandenen hohen Druck hervorgerufen ist, dürfte meines Erachtens zutreffen. Ob eine Stützmauer beim Eintreten eines starken Innendrucks in allen Fällen genügende Sicherheit gegen das Abreißen des Bodens gibt, scheint mir nicht ganz außer Zweifel zu sein. Die Herstellung einer Grube zum Aufnehmen des etwa ausfließenden Teers oder Öles ist meines Erachtens zweckmäßig. Die Grube muß natürlich genügend groß und so eingelegt und eingerichtet sein, daß der ausfließende Blaseninhalt hineinlaufen muß. In dem schon erwähnten, früher von mir geleiteten Betriebe waren die vorderen und hinteren Stützmauern der liegenden, walzenförmigen Destillierkessel von etwa 15—25 cbm Inhalt so hoch gezogen, daß zwischen ihnen und den Seitenmauern ein genügend großer Raum vorhanden war, um den Inhalt der Kessel beim Auslaufen aufzunehmen. Wenn ich mich recht erinnere, war der Raum mit trockenem Sand größtenteils ausgefüllt. Ob diese Einrichtung sich bei einem Kesselbruch bewährt hat, vermag ich mangels eigener Erfahrung nicht zu sagen, möchte es aber annehmen.

2. Ein ganz ähnlicher Fall wie der vorstehende, wird in den Berichten für 1926, 1, S. 668 beschrieben:

„In einer Dachpappen- und Lackfabrik geriet eine gefüllte Teerdestillationsblase am Ende der Tagesschicht in Brand infolge Bruches des Bodens der Blase. Der Teer ergoß sich in die Feuerung und der

Arbeitsraum stand alsbald in Flammen. Die noch anwesenden Arbeiter und Meister versuchten vergeblich die Flammen durch Aufwerfen von Sand zu löschen. Wenige Minuten nach dem Ausbruch des Feuers zerknallte die Blase. Durch den umherspritzenden brennenden Teer erlitten 4 Personen tödliche Brandwunden, 4 weitere wurden durch herabfallendes Mauerwerk schwer verletzt. Die Blase selbst wurde aus dem Mauerwerk gerissen und über ein 15 m hohes Gebäude 60 m weit geschleudert. Sie hat sich dann nochmals erhoben und ist noch 25 m weiter auf die Schienen der vorüberführenden Reichsbahn geflogen und über diese hinweg 40 m weiter in ein Feld gerollt. Wie die nachfolgende Prüfung ergab, ist der Bruch des gewölbeartig gekümpelten Bodens auf die zu geringe Wandstärke und die spröde Beschaffenheit des Bodenblechs zurückzuführen. Ob diese Mängel erst nach längerer Benutzung der Blase eingetreten sind, kann nicht gesagt werden. — Der Bruch des Bodens ist vermutlich durch einen zu hohen Druck im Innern der Blase eingetreten. Dieser ist entstanden, obwohl die Blase mit einem Sicherheitsventil versehen war. Er konnte sich bilden entweder, wenn die Auslässe der Blase verstopft waren, oder wenn die Hähne in den Anschlußleitungen zum Füllen der Blase und zur Abführung der Destillationsprodukte gleichzeitig geschlossen waren. Da die Augenzeugen tödlich verunglückt sind, ließ sich der Sachverhalt nicht sicher aufklären. Der Unfall lehrt, daß die Beschaffenheit der Bleche der Teerdestillationsblasen regelmäßig nachgeprüft werden muß; ferner, daß zur Vermeidung eines schädlichen Überdrucks in der Blase die Anschlußleitungen ständig auf das Vorhandensein von Verstopfungen zu beobachten sind. Und endlich, daß die Verschlußhähne in den Anschlußleitungen zwangsläufig derartig zu verbinden sind, daß der eine Hahn nicht geschlossen werden kann, wenn der andere nicht geöffnet ist."

Ferner wird ein Schutzgewölbe unter der Blase und die Bereithaltung von Schaumlöschern empfohlen.

Auch in diesem Falle hat es sich augenscheinlich um einen Zerknall durch zu hohen Gas- oder Dampfdruck gehandelt.

3. Nicht nur die Teerdestillationskessel selber, sondern auch die Apparate, in denen der Teer oder die Teeröle als Kühlflüssigkeit dienen und dabei vorgewärmt werden, können zerknallen, wenn darin Dämpfe entstehen und der Abzug geschlossen oder verstopft ist. In einer Teerdestillation explodierte der Kühler einer Retorte, der auf seinen Deckel mit einem Sicherheitsventil und einem Rohre zur Abführung der sich entwickelnden Dämpfe versehen war. Als Kühlflüssigkeit diente Waschöl. Die Retorte war schon seit einigen Stunden abgetrieben, als der Arbeiter den im Abführungsrohr befindlichen Hahn schloß, offenbar in der Annahme, daß Dämpfe nicht mehr entweichen würden. Es scheint aber noch eine nachträgliche Entwicklung von Dämpfen in der Retorte eingetreten zu sein, denn plötzlich begann das Sicherheitsventil zu blasen und gleich darauf wurde der schwere, mit 12 Gelenkschrauben befestigte gußeiserne Deckel etwa 50 m weit fortgeschleudert. Das heiße Waschöl flog nach der entgegengesetzten Rich-

tung ungefähr 200 m weit, wobei einige Arbeiter unwesentliche Verbrennungen davontrugen. GAB. 1903, 1 S. 325.

4. Tödlich verletzt wurde der Wärter einer Teerdestillation, in der der Teer nicht in Blasen, sondern in Rohrschlangen erhitzt wurde. Nach zweijährigem Betriebe war ein Stück des Rohrsystems zerfressen und riß infolge des inneren Druckes auf, so daß sich die ausströmenden Dämpfe an der Feuerung entzünden konnten. GAB. 1914—1918, 1, S. 397.

Aus der Beschreibung geht nicht hervor, ob es sich um einen Destillationskessel oder um einen Vorwärmer gehandelt hat und ob der innere Druck lediglich der Flüssigkeitsdruck hervorgerufen ist, oder ob in den Röhren auch Gas- oder Dampfdruck geherrscht hat. Jedenfalls aber zeigt der Zerknall, daß auch beim Erhitzen und Destillieren des Teers in Röhren Vorsicht geboten ist.

Sicherheitsventile an Teerdestillationskesseln. In 3 der 4 vorstehend beschriebenen Fälle waren die Destillierkessel mit Sicherheitsventilen versehen, die aber in 2 Fällen ganz versagt und in dem 3. Fall den Zerknall nicht verhindert haben.

Es scheint fast, als ob noch keine unbedingt zuverlässigen Sicherheitsventile für Teerdestillationskessel bekannt sind. In den Jahresberichten der Berufsgenossenschaft der chemischen Industrie werden an 3 Stellen Sicherheitsventile oder Sicherheitsverschlüsse für Teerkessel erwähnt. 1904, S. 34 wird das Hofmannsche Sicherheitsventil beschrieben. Soweit ich aus der beigefügten Zeichnung sehen kann, ist es ein gewöhnliches Druckfederventil, das etwas in das Innere des Kessels hineinragt und hier mit einem Drahtgewebe nach Salzkottner Art umgeben. Dieses soll das Hineinschlagen von Flammen in das Innere des Kessels verhindern. Es ist aber zu befürchten, daß es auch das Zusetzen und Verstopfen des Ventils begünstigt. Die beiden andern in den Jahresberichten für 1909, S. 22 und 1911, S. 19/20 beschriebenen Ventile sind in den beigefügten Zeichnungen dargestellt. Sie sind in ihrer Bauweise ziemlich ähnlich und haben beide den großen Vorzug,

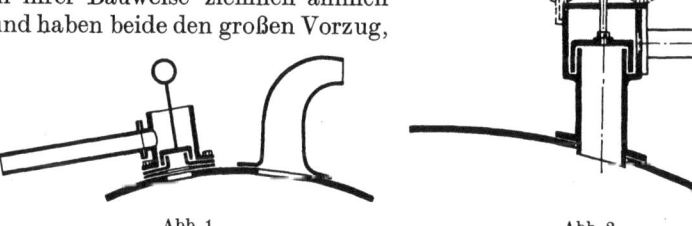

Abb. 1.   Abb. 2.

daß sie mit Hilfe des Handgriffs jederzeit auch während des Betriebes durch vorsichtiges Anheben geprüft werden können. Das in Zeichnung 2 dargestellte Ventil ist geschlossen, so daß etwa entweichende Dämpfe nicht in den Arbeitsraum gelangen, sondern durch das seitlich angebrachte Abzugsrohr entweichen. Das ist zweifelsohne ein Vorteil. Andererseits wird aber durch den Abschluß die Beobachtung des Ventils und seines richtigen Wirkens erschwert. Etwas lang erscheint bei 2 auch der Stutzen, auf dem das Ventil sitzt. Es ist nicht ganz ausgeschlossen, daß sich darin Naphthalin niederschlägt. Vielleicht läßt sich dies dadurch verhindern oder verringern, daß der Stutzen kürzer gemacht wird oder daß man ihn dauernd warm hält, z. B. mit Bleiröhren umwickelt und durch diese Dampf leitet.

Es dürfte sich ferner empfehlen, in die ringförmige Rinne, in der die Ventile sitzen, etwas Anthrazenöl oder Schweröl zu gießen, um das Entweichen von Dämpfen möglichst zu verhindern.

Mit Rücksicht auf die Bedeutung, welche diese Frage unzweifelhaft hat, wäre es erwünscht, daß die Herren, die Erfahrungen über Ventile an Teerdestillierkesseln besitzen, diese bekannt geben würden.

In der Beschreibung des 2. Zerknalles ist angegeben, daß sich in dem Abzugsrohr des Destillierkessels ein Hahn befunden hat. Das scheint öfters vorzukommen, ist aber sehr bedenklich und sollte grundsätzlich unterbleiben, sofern es sich nicht um Kessel zur Destillation unter Luftverdünnung handelt. Soweit ich es übersehen kann, werden die Hähne meistens nur angebracht, um den Kesselinhalt mit Preßluft oder Dampf überdrücken zu können. Die Entleerung des Kessels kann aber ohne Nachteil auch in anderer Weise, z. B. durch Absaugen oder Pumpen erfolgen.

b) Unfälle durch Zusetzen von Abzugsrohren der Destillierkessel.

Das Zusetzen oder Verstopfen der Abzugsrohre durch übersteigenden Teer oder auskristallisierendes Naphthalin ist stets bedenklich, da es ein Zerknallen des Kessels hervorrufen kann. Wird es rechtzeitig bemerkt, so kann es meistens durch vorsichtiges Erwärmen der betreffenden Stelle beseitigt werden, ehe daraus schlimme Folgen entstehen. Das ist ohne jede besondere Gefahr und Schwierigkeiten möglich, wenn dazu die nötigen Einrichtungen — siehe S. 2/3 — vorhanden sind. Fehlen diese, so muß versucht werden, die Verstopfung durch Umwickeln mit Tüchern und Übergießen mit heißem Wasser zu lösen. Dabei ist aber auch Vorsicht geboten, wie der nachstehend beschriebene Fall zeigt:

In einer Teerdestillation hatte sich wahrscheinlich infolge von Nachverdampfung des Naphthalins aus dem Teer der vorangegangenen Abtreibung eine Verstopfung im Apparat gebildet. Als die Arbeiter dies beim Beginn der nächsten Destillation wahrnahmen, versuchten sie die Verstopfung durch Aufgießen von heißem Wasser zu lösen. Dabei löste sich der Pfropf und wurde durch die gespannten Teerdämpfe herausgedrückt. Die Dämpfe entzündeten sich auf ungeklärte Weise und fügten den Arbeitern nicht unerhebliche Brandwunden zu. Das in seinen Wandungen geschwächte Rohr des Kühlapparates war da, wo es an dem Helm anschloß, gebrochen. Die an dieser Stelle entweichenden Dämpfe gerieten in Brand, der den Dachstuhl zerstörte. Am Kühlapparat sind Einrichtungen getroffen, welche die Erkennung und ungefährliche Beseitigung von Verstopfungen gestatten. GAB. 1909, 1, S. 138.

Selbstverständlich ist es durchaus unstatthaft, das Auftauen von Verstopfungen mit offenem Feuer auszuführen. Trotzdem geschieht dies zuweilen, wie der im nächsten Abschnitt unter 4. beschriebene Unfall zeigt.

c) Unfälle durch unvorsichtiges Auftauen oder gewaltsames Öffnen von verstopften Hähnen zum Ablassen von Pech oder heißem Teer.

Nicht nur der Bruch der Destillierkessel und das Zusetzen der Destillationsröhren, sondern auch die Verstopfung und der Bruch der Hähne und Stutzen zum Ablassen des Pechs kann zu schweren Unfällen Anlaß geben:

1. In einer Teerdestillation erlitten 2 Arbeiter Brandwunden beim Pechablassen, weil der Stutzen zwischen Hahn und Blase abbrach, als sie den Hahn schließen wollten. Es werden jetzt Absperrschieber benutzt, die durch Schraubenspindel bewegt werden. GAB. 1907, 1, S. 349.

Nach dem Bericht für 1908, 1, S. 348 wurde außerdem bei der Genehmigung vorgeschrieben, daß das Ablassen des abgekochten Teers erst geschehen dürfe, wenn er unter seinem Entflammungspunkt abgekühlt sei. An derselben Stelle wird erwähnt, daß für einen Teerkocher, bei dem durch Abbrechen des gußeisernen Ablaßschiebers ein Brand entstanden war, Absperrschieber aus Flußeisen vorgeschrieben wurden.

Weitere Angaben über derartige Unfälle sind in den Berichten der Berufsgenossenschaft der chemischen Industrie enthalten.

2. Ein Unfall entstand in einer Teerdestillation dadurch, daß das Gehäuse des Ablaßhahnes an der Retorte zerbrach und das herausfließende heiße Pech den Arbeiter verbrannte. Wahrscheinlich hatte sich das Küken des Ablaßhahnes festgesetzt und sollte mit Gewalt gelockert werden, wobei der Bruch erfolgte. B. chem. Ind. 1891, S. 33.

3. Ein Arbeiter wurde durch umherspritzenden brennenden Teer erheblich verletzt, als er mit einer glühenden Eisenstange trotz strengen Verbotes erhärtete Teermasse in einem Ablaßhahn schmelzen wollte. B. chem. Ind. 1911, S. 41.

4. Beim Ablassen einer Teerblase trat eine Explosion von Benzolgasen ein, als der Arbeiter den verstopften Auslauf mit einem brennenden Lappen erwärmen wollte. Bevor er dazu kam, bahnten sich die Gase durch das verstopfte Abflußrohr einen Weg ins Freie und entzündeten sich an dem brennenden Lappen. Der Arbeiter verbrannte hilflos, da er vor Rauch und Qualm keinen Ausweg sah. Das Verstopfen tritt öfter ein, zumal wenn die Blase, wie hier, im Freien steht. Es hätte daher Fürsorge getroffen werden müssen, um die Leitung mit Dampf zu erwärmen. B. chem. Ind. 1915, S. 20.

5. Bei dem Versuch, das Pech aus einer abgetriebenen Destillierblase abzulassen, zeigte sich, daß der Hahn verstopft war. Ein Arbeiter versuchte ohne Auftrag die Verstopfung durch Einführen einer glühend gemachten Eisenstange zu lösen. Dadurch schossen plötzlich Pech und Gase aus dem Hahn und entzündeten sich zerknallartig, wobei der Arbeiter tödliche Verbrennungen erlitt. B. chem. Ind. 1927, S. 32.

Das Verstopfen oder Zusetzen der Hähne läßt sich vermeiden, wenn durch Dampf heizbare Hähne benutzt werden. Um das Erstarren des Pechs in dem Abflußrohr zwischen dem Kessel oder dem Kesselmauerwerk und dem Hahn zu verhüten oder gefahrlos beseitigen zu können, ist dieser Teil mit einem Bleirohr zu umwickeln, durch das Dampf geleitet werden kann.

d) Unfälle durch Herausspritzen von heißem Teer usw., wenn Wasser oder nasser Dampf in den Behälter gelangte.

Bei der Destillation werden der Teer und die Teeröle sehr hoch erwärmt, wie die Beschreibung der Arbeitsweise ergibt. Kommt aus irgendeinem Anlaß Wasser, besonders heißes Wasser, mit dem erhitzten Teer, Pech oder heißen Teerölen zusammen, so kann die Verdampfung so plötzlich vor sich gehen, daß sie zerknallartig wirkt. Auf diese Weise sind mehrfach Unfälle entstanden.

1. Beim Ablassen von heißem kochenden Teer aus der Destillierblase in das nicht ganz wasserfreie Teerbassin wurde dieser durch die plötzlich entstehenden Wasserdämpfe herausgeschleudert, wobei der Arbeiter tödliche Brandwunden enthielt. B. chem. Ind. 1903, S. 47.

2. Ein ähnlicher Unfall ereignete sich, als in einem hochstehenden Gefäße Destillationsrückstände durch Dampfschlangen erwärmt wurden. Diese wurden plötzlich herausgeschleudert und überschütteten den Arbeiter. Es wird angenommen, daß Wasser in die etwa 110° heiße Masse gelangt ist. B. chem. Ind. 1906, S. 39.

3. Auf die Notwendigkeit den in die Destillierkessel geleiteten Dampf zu entwässern, wird in den Berichten besonders hingewiesen und dabei ausgeführt, daß, wenn Wasser in den heißen Teer gelange, die Verdampfung eine so plötzliche Drucksteigerung hervorrufe, daß die Sicherheitsventile dagegen keinen Schutz bieten. In einer Mineralöldestillation wurde z. B. auf diese Weise der Deckel eines Destilliergefäßes abgesprengt, der beim Fortfliegen einen Arbeiter verletzte. B. chem. Ind. 1923, S. 40/41.

Wahrscheinlich sind auch einige Explosionen, die sich beim Überdrücken von heißem Pech oder Teer mit Dampf ereignet haben, dadurch verursacht, daß mit dem Dampf Wasser in die heiße Flüssigkeit gelangte. Auch der Dampf selbst kann beim Zusammentreffen mit dem heißen Pech usw. durch die plötzlich eintretende Erwärmung eine so starke Ausdehnung erfahren, daß dadurch ein hoher Druck entsteht.

Nicht nur durch stürmische Dampfentwicklung oder plötzliche Überhitzung von Dampf, sondern auch durch plötzliche Überhitzung von Luft oder durch Einleiten von heißen Teerölen in ein nicht ganz druckfreies Montejus, dessen Luft dabei infolge der Erwärmung sich stark ausdehnt, können Unfälle der geschilderten Lage entstehen. Ein solcher ist beschrieben in B. chem. Ind. 1895, S. 29.

e) Unfälle durch Entzündung und Brand von Teer, Teerölen oder Gasen.

Kommen die beim Destillieren oder sonstigem Erhitzen des Teers oder der Teeröle entweichenden Gase oder Dämpfe mit offenem Licht oder Feuer oder mit stark erhitzten Gegenständen in Berührung, so geraten sie in Brand.

1. Ein Arbeiter hatte in einem Öldestillationsraum, in dem keine Feuerstelle, wohl aber zwei Rauchschieber vorhanden waren, einen entleerten Benzolballon, der etwas Eis enthielt, zum Auftauen in die Nähe der Rauchschieber gestellt. Plötzlich entstand eine Explosion, welche nur dadurch zu erklären ist, daß die Gase aus dem Ballon durch den Rauchschieber zur ganz getrennten Feuerstelle drangen. Die Rauchschieberöffnungen wurden zugemauert. B. chem. Ind. 1889, S. 38.

2. Der Inhalt eines großen geschlossenen Behälters mit heißem Pech, welcher sich in einiger Entfernung von dem Teerdestillationsgebäude auf dem Hofe befand, geriet auf ungeklärte Weise in Brand. Der Berichterstatter glaubt, daß daran wahrscheinlich ein Rauchschieber schuld sei, denn nach Ende der Destillation wurden die Rauchschieber geöffnet, um den Durchzug der Luft zu ermöglichen und dadurch die Retorte schneller abzukühlen. Dabei konnte ein Funken seinen Weg durch den nach dem Pechbassin führenden Abzugskanal nehmen und die Pechdämpfe entzünden. B. chem. Ind. 1889, S. 38.

3. Ein Kessel zum Destillieren von Naphthalin sollte von einem Reservoir aus durch eine Druckleitung mit Naphthalinöl gefüllt werden. Der damit betraute erfahrene Arbeiter hatte sich von seinem Posten entfernt, wahrscheinlich weil er annahm, die Füllung würde noch längere Zeit dauern. Als er nach einiger Zeit zurückkam, um den Stand des Öles zu messen, fand er, daß der Kessel übergelaufen und der Raum mit Dämpfen erfüllt war. Die Dämpfe haben sich dann gleich an der Feuerung des im Nebenraum befindlichen Dampfkessels entzündet, wobei 3 Arbeiter schwere Brandwunden erlitten. Die Untersuchung ergab, daß die Öffnung des Meßstutzens durch einen Flansch verschlossen, dagegen der Hahn in der Leitung zum Überdrücken der Destillationsrückstände geöffnet war. Es wird angenommen, daß beim Überdrücken in der Blase ein Druck entstanden sei, der das Austreten des Öles durch dieses Rohr veranlaßt hat. Die Entstehung eines Druckes war möglich, weil die entweichenden Gase und Dämpfe durch zwei Kolonnenapparate nacheinander durchstreichen mußten und dabei einen gewissen Widerstand fanden. Abgesehen hiervon war auch sonst der ganze Betrieb mangelhaft eingerichtet. B. chem. Ind. 1895, S. 27.

4. Beim Anschließen neuer Koksöfen an die Teerdestillation fand eine heftige, folgenschwere Gasexplosion statt. Die neue Ofenbatterie war schon einige Wochen in Betrieb. Die Ofengase waren bis dahin zur Feuerung verwendet und sollten nun in die Rohrleitung nach der Kondensation übergeführt werden. Man hatte zunächst 24 Stunden lang Stickgase aus gargehenden Öfen in die Öfen geleitet, welche die Luft durch eine am äußersten Ende offengelassene Kontrollöffnung austreiben sollten. Dann erst wurden die Gase eines ungaren Ofens in das in der Vorlage befindliche neutrale Gasgemisch eingeleitet. Nach einigen Stunden erfolgte die Explosion, in dem von dem Gas gebenden Ofen abgewendetem Ende der Vorlage, obgleich dafür gesorgt war, daß in der Vorlage stets ein geringer Überdruck herrschte und keinerlei offenes Feuer in der Nähe war. Die Ursache der Explosion ist nicht aufgeklärt. B. chem. Ind. 1903, S. 47.

5. In einer Teerdestillation verunglückte ein Arbeiter beim Einrühren von Teerölen mit niedrigem Entflammungspunkt in geschmolzenes Pech. Die Dampfentwicklung war so stark, daß er einen Drägerschen Respirator tragen mußte. Die Kessel hatten zwar Außenfeuerung, aber es war übersehen, daß sich in der Trennungswand zwei große Öffnungen befanden, die von abgerissenen Kesseln entstammten und nicht wieder zugemauert waren, so daß die Dämpfe zu den Feuerungen gelangen konnten. B. chem. Ind. 1919, S. 34.

6. Beachtung verdient auch der nachstehende Unfall, der sich in einer „Öldestillation" zugetragen hat.

Eine große unmittelbar gefeuerte Ölblase explodierte einige Zeit, nachdem die Destillation beendet und der Inhalt durch Vakuum abgesaugt war. Dabei war Luft angesaugt worden und hatte mit den in der Blase noch vorhandenen Öldämpfen ein zerknallfähiges Gemisch gebildet. Es wird angenommen, daß die Zündung durch Teile der Blasenwand erfolgt sei, die obwohl das Feuer herausgezogen war, an einzelnen Stellen durch das noch heiße Mauerwerk überhitzt worden war. Daher wird empfohlen, die Blase nach beendeter Destillation sofort wieder mit Öl zu füllen, auch wenn nicht gleich eine neue Destillation begonnen werden soll. Dadurch werden örtliche Überhitzungen vermieden. B. chem. Ind. 1919, S. 34.

f) Unfälle durch Entzündung und Brand von Heizölen und Heizgasen.

In dem Schrifttum ist schon wiederholt auf die Gefahren hingewiesen, welche die Verwendung von Öl oder Gas zum Beheizen mit sich bringt. Auch in den Teerdestillationen sind dadurch schon Brände oder Explosionen entstanden.

1. In der Feuerung einer Teerdestillationsblase kam eine Explosion vor, als ein Arbeiter, ehe er Feuer unter der Blase gemacht hatte, Heizgas ausströmen ließ und dann dieses anzünden wollte. Es wurden Anschläge angebracht „Erst Feuer, dann Gas". GAB. 1907, 1, S. 349.

2. Zu erwähnen ist noch eine Explosion im Feuerraum einer Destillierblase, die durch zu frühes Öffnen des Heizbrenners verursacht war. B. chem. Ind. 1913, S. 34.

3. In einer chemischen Fabrik war ein Behälter mit Naphthalin, das zum Befeuern eines Ofens diente, in Brand geraten, wobei zwei Arbeiter Verbrennungen erlitten, von denen einer starb. GAB. 1914—1918, 1, S. 397.

4. In einer Teerproduktenfabrik in Wilhelmsburg war in kurzer Entfernung von den Feuerungen der Destillierblasen ein Behälter mit Teeröl aufgestellt, das zum Heizen der Blasen diente. Bei abgestellter Ölleitung ist auf ungeklärte Weise Teeröl in die Feuerung gelaufen, hat sich an den heißen Chamottesteinen der Feuerung entzündet und den Teerölbehälter in Brand gesetzt. Ein unter der benachbarten Blase mit dem Ausmauern der Feuerung beschäftigter Maurer konnte nicht mehr aus dieser entkommen und erstickte. Die Entfernung des Teerölbehälters aus dem Destillationsraum wurde angeordnet. GAB. 1919, 1, S. 208.

g) Unfälle durch Überlaufen oder Ausfließen von Behältern für Öle usw., die dabei in Brand geraten.

In dem letzt-erwähnten Falle ist der Brand hauptsächlich durch das Überlaufen und das Ausfließen des heißen Öls herbeigeführt worden. Auf diese Weise sind noch mehrfach Brände entstanden, z. B. wird B. chem. Ind. 1891, S. 31 ausgeführt, daß das Ablaßrohr eines Benzolscheidegefäßes innerhalb des Kühlraumes frei über dem Fußboden ausmündete. Es diente zum Auffangen des Ammoniakwassers in Eimern. Eine derartige Einrichtung ist bedenklich, denn eine Undichtheit des Ablaßhahnes oder eine Unachtsamkeit des Arbeiters kann zur Folge haben, daß sich der Fußboden des Kühlraumes mit Benzol bedeckt. Eine gleiche Einrichtung hat in früheren Jahren die gänzliche Zerstörung einer Teerdestillation durch Feuer zur Folge gehabt. Es wird empfohlen, diese Ablaßrohre außerhalb der Gebäude ins Freie zu führen und hier das Ammoniakwasser aufzufangen.

h) Unfälle durch Zerknalle beim Überdrücken von Teer, Teerölen usw.

Das Überdrücken von Teerölen, Teer und Pech mit Preßluft oder auch mit Dampf hat schon wiederholt Anlaß zu schweren Unfällen gegeben. Näheres darüber ist in den Abhandlungen, die im Zentralblatt für Gewerbehygiene 1927, S. 316 ff. und 1930, S. 134 ff. veröffentlicht sind, nachzulesen, so daß auf eine Wiedergabe an dieser Stelle verzichtet werden kann. Wahrscheinlich ist die Entzündung beim Überdrücken mit Preßluft durch Erglühen von Schwefeleisen erfolgt. Vielleicht ist auch der nachstehende Unfall auf eine ähnliche Ursache zurückzuführen.

In einer Steinkohlenteerdestillation flog beim Überdrücken von Benzol aus einem eisernen Faß in die Destillierblase, als die Preßluft schon abgestellt war, mit starkem Knall der eine Boden heraus und traf einen Arbeiter. Als Ursache des Reißens wird eine plötzliche Materialspannung infolge des Wärmeunterschiedes angenommen. B. chem. Ind. 1892, S. 41. Da keine näheren Einzelheiten angegeben sind, läßt sich auch nichts Sicheres über die mutmaßliche Ursache sagen. Es erscheint mir aber nicht ganz wahrscheinlich, daß es sich lediglich um einen Riß infolge von Materialspannung gehandelt hat. Dazu dürfte der Unterschied in der Wärme wohl zu gering gewesen sein.

i) Unfälle infolge von Bränden und Explosionen der Teeröle, die durch offenes Licht oder Feuer hervorgerufen sind.

Von den Bränden und Explosionen, die durch offenes Licht oder Feuer — meistens durch unbedachtes oder leichtsinniges Umgehen damit — ausgelöst sind, seien einige aus den Berichten der Berufsgenossenschaft erwähnt.

1. Eine leichte Explosion bei der Annäherung von Licht ereignete sich in einem geschlossenen Keller, in dem die Rückstände der Steinkohlenteerdestillation abgelassen wurden. Die sich aus den heißen Teerrückständen entwickelten Schwaden haben sich in ihrer Mischung mit Luft als explosionsfähig erwiesen, wenn auch in geringem Grade. B. chem. Ind. 1891, S. 30.

2. Die Explosionen der Gase aus den Blasen der Harz- und Teerdestillationen lassen stets auf den Zutritt der Gase zu irgendeiner Feuerstelle oder Flamme schließen. B. chem. Ind. 1893, S. 34.

3. In einem Teerdestillierkessel sollte das angesetzte harte Pech mit einem Meisel entfernt werden. Der damit beauftragte Arbeiter nahm eine brennende Gasöllampe mit in den Kessel. Als er eine Pause machte, bließ er sie aus und zündete sie dann bei Aufnahme der Arbeit wieder an, worauf eine Explosion eintrat, bei der er Brandwunden erlitt. B. chem. Ind. 1897, S. 33. In diesem Falle dürfte allerdings das durch die Wärme im Kessel verdampfte Gasöl die Explosion verursacht haben.

4. Auf Explosionen und Entzündung von Gasen usw. kommt eine ganze Reihe von Fällen, hervorgebracht durch Beleuchtung des Innenraumes von Destillationsblasen in Teerdestillationen usw. mit offenem Licht. B. chem. Ind. 1900, S. 29.

5. Eine Teerblase war durch Öffnen des Mannloches von 45 cm Weite und des Meßstutzens von 13 cm Weite 24 Stunden durchlüftet worden. Das hatte aber nicht genügt, denn als der Arbeiter mit einem Licht einsteigen wollte, fand eine Explosion statt, durch die er herausgeschleudert wurde. Die Lüftung hatte nicht genügt, es hätte Luft durch den Kessel geblasen werden sollen. Die Benutzung eines offenen Lichts war von Schaden. B. chem. Ind. 1897, S. 33.

6. In einer Dachpappenfabrik sollte ein Schlosser ein zum Auffangen von Teerölen dienendes Lagergefäß, welches in einem dunklen Kellerraum lag, auf Dichtigkeit prüfen. Er nahm dazu eine gewöhnliche brennende Petroleumlampe mit. In dem Augenblick, als er den Deckel aufhob, erfolgte eine Explosion. B. chem. Ind. 1903, S. 47.

7. In einer Teerdestillation erfolgte bei der Ausbesserung eines leeren Benzolfasses eine schwere Gasexplosion, als ein Schlosser aus Unkenntnis der Gefahr dem Spundloch zu nahe kam. Das abgeschleuderte Bodenblech zerschmetterte einem in der Nähe stehenden Arbeiter das Bein. B. chem. Ind. 1907, S. 47.

Über ähnliche Unfälle wird noch mehrfach berichtet, z. B. 1910, S. 72, 1919, S. 33 und 1924, S. 31.

Derartige Explosionen, die beim Ausbessern von Benzolfässern und besonders von Benzinfässern häufig vorkommen, sind durch geeignete Maßnahmen, z. B. durch Füllen der Fässer mit Wasser nach dem Verfahren von Vondran zu vermeiden.

8. Ein älterer Arbeiter leuchtete mit einem Streichholz in eine Teerblase, trotzdem ihm die Gefahr bekannt sein mußte. Er erlitt durch die entstehende Explosionsflamme tödliche Verbrennungen. B. chem. Ind. 1918, S. 23.

9. Im Benzolkeller der Teerdestillation einer Dachpappenfabrik entstand eine Gasexplosion, als der Destillateur mit einer elektrischen Lampe den Keller betrat. Die Anlage brannte ganz aus. Es scheint, daß in mehrfacher Beziehung sowohl bei der Einrichtung des Betriebes wie auch seitens des Destillateurs gegen die Unfallverhütungsvorschriften verstoßen ist. B. chem. Ind. 1923, S. 45/46.

k) Unfälle durch Entflammen von mit Teer oder Teerölen getränkten Kleidern.

Die Feuergefährlichkeit und Brennbarkeit des Teers und der Teeröle macht auch das Tragen von Kleidern, die damit verunreinigt sind, gefährlich. Wenn jemand mit solchen Kleidern an ein offenes Licht kommt, so geraten sie in Brand. Auf diese Weise sind mehrfach schwere Unfälle vorgekommen. B. chem. Ind. 1904, S. 42; 1909, S. 39; 1910, S. 73; 1912, S. 45.

Kleider, die mit Teer oder mit Teerölen stark verunreinigt sind, müssen abgelegt und gereinigt werden.

l) Unfälle durch Entflammen von Benzol, das zum Waschen der Hände benutzt wurde.

In den Teerdestillationen wird nicht selten Leichtöl oder Benzol zum Reinigen der Hände benutzt, da der anhaftende Teer sonst schwer zu entfernen ist. Das sollte nie in der Nähe von Feuer oder offenem Licht geschehen, wie der nachstehende wiedergegebene Bericht zeigt.

Unter den Unfällen befinden sich auch einige, in denen nach dem Händewaschen mit Benzol dessen Dämpfe sich an offenen Flammen oder Feuerung entzündeten. B. chem. Ind. 1929, S. 8.

m) Unfälle durch Brände und Explosionen, deren Ursachen nicht ermittelt sind.

Bei manchen Bränden oder Explosionen ist die Ursache nicht ermittelt oder in den Berichten angegeben.

1. Bei einem Brand in einer Teerdestillation ereignete sich ein tödlicher Unfall. GAB. 1920, 1, S. 446.

2. Unaufgeklärt blieb die Ursache eines tödlichen Unfalles in einem Teerdestillationsbetriebe, in dem ein halbgefüllter Benzoltank von 100000 kg Inhalt explodierte und ausbrannte. Der getötete Arbeiter war auf dem Tankdach an dem geöffneten Mannloch — vielleicht mit der täglichen Inhaltsfeststellung beschäftigt — als unter dumpfem Knall die Tankdecke, auf der er saß, fortgeschleudert wurde. GAB. 1921, 1, S. 369.

Statische Elektrizität. Das Benzol ist nach den Versuchen von Dolezalek (B. chem. Ind. 1912, S. 56) elektrisch erregbar. Daher können zum Beispiel beim Fließen von Benzol durch Röhren in diesen Spannungen entstehen, die zur Funkenbildung führen. U. a. soll ein Brand des bei einem chemischen Prozeß überdestillierenden wasserfreien Benzols nach Ansicht der Betriebsunternehmer durch elektrische Spannungen, die zur Funkenbildung führten, hervorgerufen sein. B. chem. Ind. 1902, S. 35.

Auch bei der Verarbeitung von Benzol-Kautschuklösungen sind nach dem Schrifttum schon häufig Brände beobachtet, die wohl nur durch statische Elektrizität verursacht sein können. In der Steinkohlenteerdestillation sind dagegen scheinbar bis jetzt keine Brände der Teeröle durch statische Elektrizität vorgekommen. Wenigstens habe ich im Schrifttum keine bestimmten Angaben darüber gefunden.

Ich möchte auch annehmen, daß die Benzole und Leichtöle der Teerdestillationen, die hierbei nur in Frage kommen können, stets geringe Mengen von Wasser oder andere Beimengungen enthalten, welche sie leitfähig oder schwer erregbar machen. Demgemäß dürften bis auf weiteres in den Teerdestillationen keine besonderen Maßnahmen zur Ableitung der statischen Elektrizität beim Umgehen mit Leichtölen erforderlich sein.

Schutz gegen das Zurückschlagen von Flammen in die Kessel. Die bei der Destillation des Steinkohlenteers entstehenden unangenehm riechenden und durch Kühlen nicht verdichtbaren Gase werden meistens in die Feuerung geleitet und auf diese Weise vernichtet. Dabei besteht aber die Gefahr, daß die Flamme in die Zuleitungsröhren und das Destillationsgefäß zurückschlägt und Zerknalle hervorruft. Um dies zu verhindern, wird in das Ableitungsrohr eine Rückschlagsicherung eingebaut. Diese kann in einem Wasserverschluß in der Art der Woulfschen Flaschen bestehen. GAB 1902, 1, S. 32.

Der Wasserverschluß wird zweckmäßig auch als Explosionstopf ausgebildet, indem auf dem Deckel eine große runde Öffnung, deren Rand U-förmig gestaltet ist, angebracht wird. In diesen U-förmigen Ring paßt ein entsprechend ausgebildeter Deckel. Um das Austreten von Gasen unter dem Rand des Deckels zu vermeiden, kann in den ringförmigen Sitz etwas Anthrazenöl gegossen werden. Das Zuführungsrohr der Gase wird in der Mitte der Seitenwand eingeführt und rechtwinklig nach unten gebogen. Das Austrittsrohr liegt am oberen Teil der entgegengesetzten Seite. Das Gefäß ist ferner mit einer Zu- und Ableitung für Wasser zu versehen, die so angebracht sind, daß das Gaszuleitungsrohr ständig in Wasser eintaucht.

Da die Wasserverschlüsse bei unaufmerksamer Bedienung versagen können, hat man an ihrer Stelle oder neben ihnen auch Drahtnetze oder besser noch durchlochte Messingbleche in den Gasleitungen angebracht, die das Zurückschlagen der Flammen in diese verhindern sollen. Sehr gut bewährt hat sich zu dem gleichen Zweck auch der Einbau von Kiestöpfen. B. chem. Ind. 1902, S. 29; 1910, S. 39.

Auch die Benzollagerkessel werden zum Schutz gegen das Hineinschlagen von Flammen mit Schutzeinrichtungen versehen. GAB. 1902, 1, S. 32.

In der chemischen Fabrik Grieshein-Elektron wurden schon seit 1900 in die Leitungen, welche die Luft aus den Benzollagerkesseln abführen, Kiestöpfe eingebaut. Siehe Technisches Gemeindeblatt 1903, S. 361.

n) Unfälle durch heiße Gase oder Sturz in heiße Flüssigkeiten.

Neben der Brennbarkeit des Teers und der daraus hergestellten Stoffe kann auch die hohe Wärme, der sie vielfach bei der Verarbeitung ausgesetzt werden, Anlaß zu Unfällen geben, nämlich, wenn die Arbeiter damit in enge Berührung kommen. Die meisten davon sind in der Weise vor sich gegangen, daß die Verunglückten von heißen Gasen getroffen wurden oder in Gruben oder Gefäße mit heißem Pech, Teer, Teerölen, oder heißem Kühlwasser stürzten oder damit überschüttet wurden.

1. Durch heiße Pechgase aus einer Destillierblase ereignete sich ein Unfall. B. chem. Ind. 1890, S. 33.

2. Als ein Arbeiter über ein im Verkehrswege belegenes Gefäß, das seit längerer Zeit zur Aufnahme von heißem Pech diente, ging, löste sich eine Belagplatte von $1 \times 1,5$ m und stürzte mit dem Arbeiter in das Gefäß, wobei dieser tödliche Brandwunden erhielt. Die mit Asphalt bedeckten Belagplatten hatten sehr knappe Auflage und sich außerdem auch verzogen. B. chem. Ind. 1893, S. 36.

3. Heißes Teeröl wurde beim Ablassen in ein nicht ganz druckloses Montejus herausgeschleudert und überschüttete einen Arbeiter. B. chem. Ind. 1895, S. 29. — Ähnliche Unfälle haben sich schon oft in anderen Industriezweigen ereignet.

Unfälle durch Sturz in die mit heißem Pech gefüllten Gruben sind mehrfach vorgekommen. B. chem. Ind. 1901, S. 38; 1903, S. 39; 1910, S. 74 und 1920, S. 36.

5. Durch Sturz in das heiße Wasser des Kühlkastens verbrannte ein Schlosserlehrling schwer. B. chem. Ind. 1907, S. 44.

6. Ein schwerer Unfall ereignete sich durch Sturz in eine Pfanne mit heißem Naphthalin. Der Verunglückte war durch die Naphthalindämpfe betäubt worden. B. chem. Ind. 1924, S. 33.

7. Ein Arbeiter steigt über eine Pfanne mit oberflächlich erstarrtem Naphthalin und bricht ein. B. chem. Ind. 1928, S. 28.

8. Endlich ist hier noch ein Unfall zu erwähnen, der dadurch entstand, daß ein Arbeiter, der einen Eimer mit verdünnter Karbolsäure trug, sich damit bespritzte und nach einer Stunde starb. B. chem. Ind. 1911, S. 42. In diesem Falle dürfte auch die Ätzwirkung der Karbolsäure eine Rolle gespielt haben.

Selbstverständlich müssen alle Gruben und Vertiefungen, in denen sich heiße Flüssigkeiten oder Teeröle oder geschmolzenes Pech usw. befinden, fest und sicher abgedeckt oder eingefriedigt werden. Die Abdeckungen sind so einzurichten, daß sie sich nicht verschieben können.

o) Augenverletzungen.

Eine nicht geringe Gefahr für die Arbeiter der Teerdestillationen bilden die Augenverletzungen durch heiße Stoffe und besonders durch Pechsplitter. In den Berichten befinden sich darüber verschiedene Angaben.

1. Die Augenverletzungen erfolgten beim Loshauen von Pech in Destillierkesseln und beim Abhauen von Pech vom Haufen. B. chem. Ind. 1890, S. 42. Der beim Pechhacken in den Teerdestillationen entstehende Staub führt böse Augenentzündungen herbei, leider werden bei den Betriebsrevisionen noch recht oft völlig untaugliche Schutzbrillen vorgefunden. B. chem. Ind. 1902, S. 37.

Beim Zerschlagen von Pech hat ein Arbeiter die ihm zur Verfügung stehende Schutzbrille nicht getragen. Der ins Auge gedrungene Pechstaub hat eine schwere Hornhautentzündung und Verätzung hervorgerufen. B. chem. Ind. 1912, S. 47.

Es ist ganz selbstverständlich, daß die Arbeiter, welche mit heißen ätzenden Stoffen zu tun haben oder Pech zerschlagen oder zerhacken, gutsitzende und zweckmäßig gestaltete Schutzbrillen tragen müssen.

p) Unfälle anderer Art.

Von den sonst noch in den Berichten erwähnten Unfällen verdient der nachstehende Beachtung.

Ein Teerfaß, das mit heißem Teer gefüllt war und geschlossen fortgebracht werden sollte, explodierte und verletzte den Arbeiter schwer, GAB, 1926, 7, S. 131.

Ich möchte annehmen, daß in dem Faß noch etwas Wasser oder vielleicht flüchtige Teerbestandteile enthalten gewesen sind, die beim Bewegen des Fasses mit dem heißen Teer in Berührung kamen und plötzlich verdampften.

In den Berichten sind auch noch einige Angaben über Unfälle enthalten, die in Teerdestillationen durch Zentrifugen — B. chem. Ind. 1907, S. 29 und 1910, S. 65 —, durch das Platzen eines Naphthalinwäschers beim Prüfen mit Wasserdruck — B. chem. Ind. 1906, S. 35 — und durch das Zerknallen eines Fasses, dessen Inhalt mit Preßluft übergedrückt werden sollte — B. chem. Ind. 1892, S. 41 —, verursacht sind. Da diese Unfälle für die Teerdestillation nicht kennzeichnend sind, sehe ich von einer Besprechung ab.

q) Gesundheitsschädigungen.

Einen verhältnismäßig großen Raum nehmen bei der Beschreibung der Unfälle in den Steinkohlenteerdestillationen die Schilderungen der Gesundheitsschädigungen durch giftige Stoffe, Gase usw. ein. Das ist wohl zu verstehen, denn wie aus der weiter vorn gegebenen Beschreibung der Eigenschaften des Steinkohlenteers und der daraus gewonnenen Erzeugnisse hervorgeht, sind diese zum Teil gesundheitsschädlich und giftig. Es kann daher kaum überraschen, wenn in den Teerdestillationen Gesundheitsschädigungen dadurch vorkommen. Sie sind verursacht durch Destillationsgase, Benzol, Schwefelwasserstoff, Schweröldämpfe usw. Unter ihnen stehen die Vergiftungen durch Destillationsgase an erster Stelle. Woraus die Destillationsgase bestanden haben und welche gesundheitsschädlichen Stoffe sie besonders enthalten haben, ist meistens nicht angegeben und ist wohl auch nicht sicher festgestellt.

Die einzelnen Fälle sind nachstehend nach der Zeit ihres Vorkommens geordnet.

aa) **Vergiftungen durch gesundheitsschädliche Gase beim Besteigen von Destillierkesseln usw.**

1. Drei Arbeiter, welche eine Teerdestillierblase ausklopften, verunglückten dabei durch giftige Gase. Sie hatten bis zur Frühstückspause ohne jede Belästigung in der Blase gearbeitet. Als sie nach der Pause wieder einsteigen wollten, fiel der erste betäubt in den Kessel; zwei seiner Kameraden verunglückten dann beim Versuch, ihn zu erretten. Die Blase hatte mit einer zweiten, im Betriebe befindlichen Blase eine

gemeinschaftliche Vorlage. Es wird angenommen, daß die Destillationsgase aus dieser durch einen unglücklichen Zufall, vielleicht durch eine falsche Hahnstellung durch die Anthrazenvorlage und die Kühlschlange der leeren Blase in diese gelangt sind. Bei einer Ausbesserung der gleichen Blase waren 1887 schon drei Personen ums Leben gekommen. Trotzdem war verabsäumt, die Verbindung ganz zu unterbrechen. B. chem. Ind. 1897, S. 36/37.

1. In einer Teerproduktenfabrik war eine Teerdestillierblase außer Betrieb gesetzt worden, weil festgestellt werden sollte, weshalb das darin vorhandene Rührwerk nicht richtig arbeitete. Als nach $1^1/_2$ Tagen die Blase genügend erkaltet schien, öffnete der Schlosser der Fabrik sie und stieg — wie durch die Untersuchung festgestellt wurde entgegen dem ausdrücklichen Verbot — mit einem anderen Arbeiter auf einer mitgebrachten Leiter hinein. Nach einiger Zeit wurden beide vermißt und nach längerem Suchen in der Blase regungslos am Boden liegend gefunden. Die angestellten Rettungsversuche waren leider vergeblich. GAB. 1903, 1, S. 361.

2. Beim Besteigen eines abdestillierten Teerkessels verunglückten zwei Arbeiter durch Dämpfe von schweren Kohlenwasserstoffen tödlich. Die Verunglückten sollen das untere Mannloch, das zum Ablassen der Dämpfe diente, nicht geöffnet haben. B. chem. Ind. 1903, S. 45.

3. Durch Einatmen giftiger Gase beim Reinigen einer Retorte in einer Teerdestillation kamen zwei Arbeiter zu Tode. Sie wurden kurz nach der Frühstückspause tot in der Retorte aufgefunden. Die Art der giftigen Gase konnte nicht festgestellt werden. Bei der Betriebsart der Retorten und ihrem Zusammenhange mit den Vorlagen liegt die Möglichkeit vor, daß Schwefelwasserstoffgase oder Benzoldämpfe aus der im Betriebe befindlichen Nachbarretorte durch die Vakuumleitung oder aus dem Lagerkessel durch die Ölleitung gekommen sind. Gegen das letztere spricht aber, daß die Arbeiter vor der Frühstückspause schon $2^1/_2$ Stunden in der Retorte gearbeitet haben. Am nächsten liegt daher die Annahme, daß der in die Saugleitung zwischen den Retorten eingeschaltete Hahn undicht war und daher, als das Vakuum der Nachbarretorte nach beendeter Destillation abgestellt war, giftige Gase und Dämpfe übergetreten sind. Die Verunglückten haben angeblich die Weisung, daß stets nur ein Mann in der Retorte arbeitet, der andere aber beobachten soll, nicht beachtet. Zur Vermeidung solcher Unfälle werden nunmehr bei Reinigungsarbeiten alle Verbindungen mit den anderen Apparaten gelöst. Bei neuen Retorten wird nun auch darauf gehalten, daß außer dem Mannloch auch der Ablaßstutzen befahrbar eingerichtet wird, um gute Lüftung zu ermöglichen. GAB. 1904, 1, S. 359.

4. In einer zum Reinigen geöffneten Destillierblase wurde ein Arbeiter tot aufgefunden. Der Hergang konnte nicht aufgeklärt werden. B. chem. Ind. 1907, S. 43/44.

5. In einer Teerdestillation wurden zwei Arbeiter beim Einsetzen einer Kühlschlange bewußtlos und starben trotz aller Bemühungen. Die Natur der giftigen Gase ist nicht sichergestellt. In dem Bericht wird

als möglich angenommen, daß in den Gasen Blausäure enthalten gewesen sein können. Die Gasanstalten hätten wegen der Kohlennot vielfach Holz vergasen müssen. Dabei bildete sich Essigsäure, während im Steinkohlenteer stets Zyanverbindungen enthalten seien. Beim Vermischen der beiden Teere könnte Blausäure freigeworden sein. B. chem. Ind. 1919, S. 35.

Mir erscheint die Annahme, daß sich Blausäure gebildet hat, doch etwas zweifelhaft zu sein. Der Teer enthält meines Wissens nur sehr geringe Mengen von Zyanverbindungen, hauptsächlich wohl Schwefelzyanverbindungen, die im Ammoniakwasser gelöst sind.

6. In einer Teerdestillation brachen drei Arbeiter bewußtlos zusammen, als sie in eine erkaltete, jedoch noch mit giftigen Gasen erfüllte Pechvorlage eingestiegen waren. Sie konnten durch Sauerstoffatmung gerettet werden. B. chem. Ind. 1920, S. 37.

7. Eine leichte Gasvergiftung erlitt ein Arbeiter einer Teerdestillation, der in eine Teerblase, die schon zehn Tage außer Betrieb und oben und unten geöffnet war, nach der Arbeitspause zum zweiten Mal einsteigen wollte. GAB. 1920, 1, S. 551.

8. Beim Reinigen einer seit drei Monaten außer Betrieb befindlichen Teerdestillationsblase, in der an dem Unfalltage selbst und auch schon mehrere Tage vorher Reinigungsarbeiten ohne jede Belästigung der Arbeiter ausgeführt worden waren, verunglückte ein Arbeiter tödlich infolge Einatmung giftiger Gase. Entweder bestand entgegen den Zeugenaussagen eine Verbindung mit einer zweiten Teerdestillationsblase, oder es hatten sich in den Hohlräumen der Teerschicht schwefelkohlenstoffhaltige Dämpfe gesammelt, die beim Loshacken frei wurden. GAB. 1923/24, 1, S. 560.

9. In einem Destillierkessel, der bereits $3^1/_2$ Tage von verschiedenen Arbeitern ohne Beschwerden befahren worden war, wurden anscheinend in den verkokten Rückständen eine Stelle angehackt, die Benzol usw. eingeschlossen haben muß. Ein nach der Pause eingestiegener Arbeiter war sofort betäubt. Wie gewöhnlich wurde zur Rettung ein Mann unangeseilt nachgeschickt, der ebenfalls umfiel, und nur durch 4stündige künstliche Atmung gerettet wurde, eine Ausdauer, die hervorgehoben zu werden verdient; durch Sauerstoff wäre vielleicht auch der andere wieder zu beleben gewesen. B. chem. Ind. 1924, S. 35.

Beim Reinigen eines Teerdestillationskessels verunglückte ein Arbeiter tödlich. In den Leichenteilen konnte Kohlenoxyd nicht sicher nachgewiesen werden. GAB. 1926, 7, S. 133.

Die angeführten Unfälle zeigen zur Genüge, daß das Besteigen der Destillierkessel und das Arbeiten darin mit großen Gefahren verknüpft ist. Die Schutzmaßnahmen ergeben sich größtenteils aus den Beschreibungen; sie sind am Schluß nochmals zusammengestellt.

bb) Vergiftungen durch Benzol usw.

Durch Benzol und dessen Homologe sind verschiedene Vergiftungen vorgekommen, von denen einige in den Berichten beschrieben sind.

1. In einer Benzolfabrik verunglückte ein Arbeiter beim Ausräumen

der festen Rückstände aus einem Waschapparat. Der nicht sehr widerstandsfähige Arbeiter war noch nicht lange in der Fabrik tätig. Er wurde beim Picken und Einschaufeln der losgebrochenen Stücke von dem aufwirbelnden Staub und den freiwerdenden Dünsten betäubt, obwohl er mit einer Gesichtsmaske versehen war, in die von außen frische Luft geblasen wurde. Während er aus dem Waschapparat herausgebracht wurde, fiel er in Ohnmacht, aus der er nicht wieder erwachte. GAB 1902, 1, S. 148.

2. In einer Teerdestillation verunglückte ein Arbeiter beim Reinigen eines Benzollagerkessels tödlich durch Einatmen von Benzoldämpfen. B. chem. Ind. 1906, S. 39.

3. Zwei Arbeiter erlitten in einem Kokswerk beim Reinigen eines Benzolkesselwagens tödliche Vergiftungen. Der mit dem Ausschöpfen beauftragte Arbeiter wurde bewußtlos, der außerhalb des Kessels befindliche Mann wurde von dem gleichen Schicksal ereilt, als er Hilfe bringen wollte, beide Männer konnten aus dem mit giftigen Gasen gefüllten Kesel erst herausgebracht werden, nachdem sie bereits gestorben waren. GAB. 1908, 25, S. 18.

4. Durch Benzoldämpfe wurden mehrere schwere Unfälle verursacht. In einem Falle — Koksanstalt — hatten sich die Dämpfe in einer Grube gesammelt, in der die Vorrats- oder Sammelkessel liegen. Diese mußten zur Bedienung der Ventile bestiegen werden. Dabei wurde ein Arbeiter betäubt, weil das destillierte Benzol nicht genügend gekühlt wurde und aus dem offenen Kessel verdunstete. Beim Versuch ihn zu retten, verunglückte ein zweiter Arbeiter. GAB. 1909, 1, S. 137—39.

5. Ein ähnlicher Fall ereignete sich in einer Benzolfabrik. Dort war bei der Destillation vergessen, die Kühlung genügend anzustellen. Der Benzolarbeiter wurde durch Benzoldämpfe betäubt, gelangte zwar noch ins Freie, starb aber später. Ein Mitarbeiter wurde durch Sauerstoffeinatmung gerettet. Es wurde angeordnet, die Ventile so zu legen, daß sie von einer freiliegenden Bühne aus bedient werden konnten. Beiden Betrieben wurde die Beschaffung und die Bereitstellung von Sauerstoffatmungsgeräten vorgeschrieben. GAB. 1909, 1, S. 137/39.

6. In einer Benzolfabrik hat sich (nach einem Vorgange im Jahre 1909) wiederum ein tödlicher Unfall ereignet, weil bei der Destillation die Kühlwasserleitung nicht angestellt war. Der Arbeiter wurde durch die ausströmenden Dämpfe vergiftet. Die Ventile der Dampfleitung und des Kühlwassers wurden zwangsläufig miteinander verbunden, so daß ersteres nur geöffnet und abgestellt werden kann, wenn letzteres geöffnet bzw. geschlossen ist. Außerdem sind elektrische Warnapparate angebracht, die bei eintretenden Verstopfungen durch das abblasende Sicherheitsventil auf der Destillierblase in Tätigkeit gesetzt werden und die Störungen anzeigen. GAB. 1912, 1, S. 176.

cc) Vergiftungen durch Schweröldämpfe.

In den Berichten sind außerdem noch unter aa) 3 beschriebenen Falle noch zwei Vergiftungen durch Schweröl erwähnt.

1. In einer chemischen Fabrik wurden ein Meister und ein Arbeiter

beim Reinigen eines Hochbehälters für Schweröl, in dem sie eingestiegen waren, besinnungslos. Bei Anwendung des Sauerstoffatmungsgerätes erholten sie sich indessen schnell. Der Behälter ist nunmehr an die Druckluftleitung angeschlossen, der sowohl vor den Reinigungsarbeiten als auch während deren ganzer Dauer Luft zuführt. GAB. 1904, 1, S. 361.

2. Beim Ausschöpfen einer Schwerölgrube starb ein jüngerer Arbeiter, der wahrscheinlich Schweröldämpfe eingeatmet hatte. B. chem. Ind. 1925, S. 25.

dd) Vergiftungen durch Schwefelwasserstoff.

Zwei schwere Unfälle sind durch Schwefelwasserstoff verursacht worden.

1. In einer großen Teerdestillation wurden zwei Leute auf dem freien Hüttenplatze in der Nähe eines Aborts tot aufgefunden. Aus den näheren Umständen läßt sich schließen, daß sie unmittelbar vorher den Abort benutzt hatten. Zur Erklärung konnte zunächst nur festgestellt werden, daß in der Nacht die Vakuumpumpen der Destillation versagt hatten und daß an ihrer Stelle mit Dampfstrahlgebläsen die Luft aus den Destillationsgefäßen gesogen war. Diese Gebläse hatten nun die abgesogene Luft in den allgemeinen Abwasserkanal befördert, der auch unter dem benutzten Aborte hindurchgeht. Es stellte sich heraus, daß die Luft sehr reich an Schwefelwasserstoff war. Dieser war offenbar einem vor dem Aborte befindlichen und nur mit Brettern bedeckten Einsteigeschacht entströmt und hatte die auf dem Aborte verweilenden Leute betäubt, so daß sie nur noch ins Freie gelangen konnten, wo sie dann unter der Einwirkung der eingeatmeten Gase unbemerkt starben. GAB. 1908, 1, S. 418 und B. chem. Ind. 1908, S. 42/43.

2. Eine Vergiftung durch Schwefelwasserstoff, die einem Arbeiter das Leben kostete, während vier andere, die ihn retten wollten, betäubt wurden, ereignete sich in einer Benzolfabrik, als beim Neutralisieren von Phenolnatrium mittels Schwefelsäure plötzlich große Mengen von Schwefelwasserstoff dem Apparate entwichen. In der Fabrik wird zum Ausscheiden des Phenols Ätznatron verwendet, das vorher zum Trocknen von Pyridin benutzt war. Das an dem Tage benutzte Ätznatron muß aus dem Rohpyridin mehr Schwefel als gewöhnlich aufgenommen haben, so daß viel Schwefelnatrium in die Phenollauge gelangen konnte. Die Neutralisiergefäße wurden an eine Vakuumleitung angeschlossen und der Arbeitsraum mit einer kräftigen Bodenentlüftung versehen. Der Schwefelgehalt der Natronlauge wird kontrolliert. GAB. 1911, 1, S. 540 und der B. chem. Ind. 1911, S. 43.

3. Eine Vergiftung durch Schwefelwasserstoff will sich ein Arbeiter im Vakuumpumpenraum einer Teerdestillation zugezogen haben. Die aus dem Destillierkessel abgesaugten Gase sollen Schwefelwasserstoff enthalten haben. Der Fall ist nicht ganz geklärt. B. chem. Ind. 1912, S. 47.

ee) Vergiftung durch nicht festgestellte Stoffe.

In einer Teerproduktenfabrik, welche die Rektifikation von Benzolwaschöl für eine Kokerei im Ruhrkohlengebiet übernommen hatte, erkrankten nacheinander vier Arbeiter beim Öffnen des Probierhahns und der Entnahme einer kleinen Probe. Sie fielen unter leichten Krämpfen bewußtlos um, erholten sich aber schnell, nachdem sie ins Freie gebracht waren. Nach Angabe des Betriebsinhabers roch es beim Öffnen des Probierhahns stark nach Blausäure. GAB. 1926, 7, S. 133. Wegen der Annahme, daß sich Blausäure gebildet haben konnte, beziehe ich mich auf die Bemerkung zu aa. 5. Seite 22.

ff) Hauterkrankungen.

Hauterkrankungen durch Teeröle werden in den Berichten mehrfach erwähnt. GAB. 1914/18, 1, S. 60, 489 und 850.

Zu dem einen Falle wird ausgeführt, daß ein Arbeiter in einem Betriebe, der im Frieden aus tierischen und pflanzlichen Fetten, im Kriege aus Mineralölen Schmiermittel herstellte, durch Einwirkung der Teeröle an Hodenkrebs erkrankte und starb.

Über Hauterkrankungen und besonders Hautkrebse, die beim Loshacken und Verladen von Pech durch den dabei gebildeten Pechstaub hervorgerufen sind, befinden sich in den Berichten der Gewerbeaufsichtsbeamten verschiedene Angaben. Eine Übersicht über die älteren Veröffentlichungen ist in dem Zentralblatt für Gewerbehygiene 1917, S. 2 ff. gegeben, auf die zur Vermeidung von Wiederholungen Bezug genommen wird. Die neueren Berichte der Gewerbeaufsichtsbeamten bringen erklärlicherweise zahlreiche Mitteilungen darüber — z. B. 1926, 5, S. 167; 1927, 3, S. 276; 1927, 3, S. 369; 1927, 3, S. 363; 1928, 1, S. 236; 1928, 2, S. 70; 1928, 7, S. 60; 1929, 1, S. 435; 1929, 2, S. 60; nachdem nunmehr die Erkrankungen an Hautkrebs, die durch Teer usw. hervorgerufen sind, den Unfällen in bezug auf die Entschädigungspflicht gleichgestellt sind. Auf diese Fälle weiter einzugehen, erübrigt sich. Jedenfalls ist für die Pech- und Teerarbeiter große Sauberkeit und regelmäßiges Baden nebst ärztlicher Überwachung dringend nötig.

D. Maßnahmen und Einrichtungen zum Schutze des Lebens und der Gesundheit.

Die Ausführungen in den vorstehenden Abschnitten zeigen, daß der Betrieb der Steinkohlenteerdestillation mit mancherlei Unfallgefahren verbunden ist, die wieder entsprechende Maßnahmen zu ihrer Verhütung erforderlich machen. Auf diese, soweit sie den Schutz gegen Unfälle durch Sturz von Treppen und Leitern usw., aus Luken, in Vertiefungen usw. durch Zusammenbruch, Einsturz, Herabfallen und Umfallen von Gegenständen, durch Maschinen, Hebezeuge usw. betreffen, näher einzugehen, liegt außerhalb des Rahmens dieser Arbeit. Wer sich darüber unterrichten will, findet in den Polizeiverordnungen und Baupolizeiverordnungen, sowie in den Unfallverhütungsvorschriften der Berufsgenossenschaft die nötigen Unterlagen. Jedenfalls erfordern aber diese Unfälle, wie schon ihre Zahl zeigt, ernste Beachtung. Ich möchte dazu nur noch bemerken, daß mir z. B. die in den Teerdestillationen immer wieder vorkommenden Verlegungen und Transporte von Kesseln und Apparaten, die meistens mit sehr behelfsmäßigen

Mitteln ausgeführt werden, stets als eine wesentliche Quelle von Unfällen erschienen sind.

Für den Schutz des Lebens und der Gesundheit der Arbeiter gegen die besonderen Gefahren der Teerdestillation — der Feuer- und Explosionsgefahr und der Gesundheitsschädigungen durch giftige, ätzende oder heiße Stoffe kommen etwa nachstehende Maßnahmen in Betracht:

1. Die Gebäude, in denen feuergefährliche Arbeiten ausgeführt werden, z. B. der Teer destilliert wird, die Destillate gekühlt und aufgefangen werden oder Leichtöle destilliert, verarbeitet oder gelagert werden, — sollten möglichst von den übrigen Gebäuden getrennt liegen. Sie sollten massiv gebaut sein und unverbrennliche Dächer haben; ferner sollten sie zur Vermeidung von Schädigungen der Umgebung möglichst nicht an öffentlichen Wegen oder Bahngleisen liegen, jedenfalls aber nach diesen hin weder Türen noch Fenster haben.

Die Räume, in denen die Feuerungen der Destillierkessel liegen, sind von den Räumen, in denen die Kühler stehen, oder in denen die Öle gelagert oder weiter verarbeitet werden, möglichst vollständig durch massive Wände ohne Türen oder sonstige Öffnungen zu trennen. Die Zugänge sind so zu legen, daß ein Übertreten von Destillationsgasen oder Dämpfen von einem Raum zum anderen tunlichst ausgeschlossen ist. In diesen Räumen sind ferner Einrichtungen zu treffen, die es gestatten, die Feuerungen der Destillierkessel und etwa ausbrechende Schadenfeuer möglichst schnell — auch von außerhalb — zu löschen, z. B. durch Einblasen von Dampf, Aufwerfen von Sand oder Benutzung von Schaumlöschern.

2. Die Räume, in denen die Teerdestillate gekühlt und aufgefangen werden und in denen Leichtöle destilliert, verarbeitet oder gelagert werden, sollten einen festen, undurchlässigen Fußboden haben, der mit Gefälle nach einer Abflußrinne versehen ist. Es dürfte sich empfehlen, die Abflußrinne mittels eines Tauchrohres in eine gut abgedeckte, dichte Sammel- und Absitzgrube zu führen, die möglichst mit gesonderten Abflüssen für das Spülwasser und etwa ausfließendes Öl versehen ist.

Die im Absatz 1 genannten Räume sind ferner mit guten Lüftungseinrichtungen zu versehen. Die Absaugung der Raumluft sollte möglichst am Boden erfolgen.

Bei der Lagerung und Verarbeitung der Teeröle sind die Vorschriften der Polizeiverordnungen über die Lagerung von Mineralölen und die entsprechenden Unfallverhütungsvorschriften der Berufsgenossenschaft zu beachten.

3. Die unter 2. genannten Räume sollten nur durch dicht abgeschlossene Außenbeleuchtung oder durch elektrisches Glühlicht, das den Vorschriften des Verbandes deutscher Elektrotechniker für die Beleuchtung und Einrichtung elektrischer Anlagen in explosionsgefährlichen Räumen entspricht, beleuchtet werden. Diese Vorschriften sind auch für die Aufstellung von Elektromotoren nebst Schaltern u. dgl. zu beachten. In den genannten Räumen darf weder geraucht noch offenes Licht oder Feuer angemacht oder benutzt werden. Auch dürfen

darin keine Arbeiten vorgenommen werden, bei denen Funken entstehen. Rauchschieber oder sonstige Verbindungen mit den Feuerzügen usw. sollen darin nicht vorhanden sein. Die Türen müssen nach außen aufschlagen.

4. Die Feuerungen der Destillierkessel sollten so eingerichtet werden, daß die Kesselwandungen nicht von Stichflammen getroffen werden können; nötigenfalls sind Schutzgewölbe einzubauen. Um das Durchbiegen der Kessel oder der Kesselböden zu verhüten, sollten an geeigneten Stellen Stützmauern errichtet werden.

Erfolgt die Heizung der Kessel durch Gas oder Öl, so sind die für deren Bedienung gegebenen Vorschriften sorgfältig zu beachten.

Die Behälter für das Heizöl sind mit Überlaufrohren zu versehen. Sie sollten nicht in dem Raum, in dem die Feuerungen liegen, aufgestellt werden, sondern möglichst in einem durch eine Brandmauer davon getrennten Raum. In dem Kesselmauerwerk der Destillierkessel sollte, sofern die Bauart der Kessel es gestattet, unterhalb dieser ein Raum ausgespart werden, der genügend groß ist, um beim Leckwerden des Kessels dessen Inhalt aufzunehmen.

5. Die Destillierkessel und die Vorwärmer für Teer und Waschöl, sofern sie geschlossen sind oder darin destilliert wird, sind mit Sicherheitsventilen zu versehen, die einen im Innern entstehenden Druck sicher ableiten. Sie sollten ferner, abgesehen von denjenigen Kesseln, die unter vermindertem Druck arbeiten, keine Hähne in den Destillations- oder Kühlröhren haben. Ist das Anbringen eines Hahns in dem Destillationsrohr aus besonderen Betriebsrücksichten nicht zu umgehen, so sollte er mit dem Hahn der Leitung zum Füllen des Kessels und bei mit Dampf geheizten Blasen auch mit dem Dampfventil zwangsläufig so verbunden werden, daß jeder der beiden letzteren nur geöffnet werden kann, wenn der erstere geöffnet ist und dieser wieder nur geschlossen werden kann, wenn jene geschlossen sind.

6. Wird während der Destillation zum besseren Übertreiben der Destillate Dampf in die Kessel geleitet, so muß dieser durch Trocknen oder Überhitzen wasserfrei gemacht werden.

7. Beim Destillieren des Teers muß die Kühlung der Destillate sorgfältig überwacht und geregelt werden, so daß keine Dämpfe der leicht flüchtigen Öle in die Arbeitsräume entweichen. Die Kühler müssen daher u. a. genügend groß sein. Ferner ist ständig darauf zu achten, daß sich die Destillations- oder die Kühlröhren nicht durch auskristallisierendes Naphthalin zusetzen. Die Destillationsrohren und die Kühler sollten mit Einrichtungen versehen sein, welche es gestatten, etwaige Verstopfungen gefahrlos zu beseitigen. Treten diese trotzdem ein, so sind sofort die Feuerungen oder die Heizeinrichtungen des Kessels abzustellen, und die Feuertüren zu öffnen, um die Kessel abzukühlen. Dann ist zu versuchen, die Verstopfungen mittels der dazu vorhandenen Einrichtungen oder wenn solche fehlen, durch Umwickeln der betreffenden Stellen mit Tüchern und Übergießen mit heißem Wasser möglichst schnell zu beseitigen, wobei die nötige Vorsicht nicht außer acht zu lassen ist.

Das gilt sinngemäß auch für die Destillations- und Kühlröhren der Kessel, in denen Mittelöle oder Schweröle und besonders Naphthalin destilliert werden.

Bei den Kesseln usw., in denen Leichtöle, besonders Benzol, destilliert werden, sollten die Ventile der Heizdampfleitung mit den Ventilen der Kühlwasserleitung zwangsläufig so verbunden werden, daß diese nur geöffnet werden können, wenn jene offen sind.

8. Die beim Destillieren entweichenden nicht kondensierbaren Gase sind so abzuführen, daß sie nicht in die Arbeitsräume entweichen können. Dazu kann der letzte Teil des Kühlrohres U-förmig gemacht und an seiner höchsten Stelle mit einem Abzugsrohr versehen werden. Die Gase sind niederzuschlagen oder in eine Feuerung zu leiten. Im letzteren Falle sind in die Leitungen Kiestöpfe oder zuverlässig wirkende Wasserverschlüsse einzubauen, um das Zurückschlagen der Flammen zu verhindern.

Erfolgt die Destillation ganz oder teilweise unter Luftverdünnung, so sind auch die Auspuffgase der Luftpumpen abzuleiten und unschädlich zu machen. In keinem Falle dürfen sie in den Maschinenraum oder in andere Arbeitsräume gelangen.

Die Vorrichtungen zum Auffangen der Destillate sind so auszubilden, daß diese nicht über- oder vorbeifließen können.

9. Die Abkühlung der Destillate und Rückstände, namentlich auch des Pechs, muß, sofern und solange sie gesundheitsschädliche, stark riechende oder brennbare Dämpfe entwickeln, in gemauerten oder metallenen dichten Behältern erfolgen. Es empfiehlt sich, diese mit einem Abzugsrohr zu versehen, das mit einem Kühler verbunden wird. Wird es an einem Schornstein angeschlossen, so ist in das Abzugsrohr ein Kiestopf oder ein Wasserverschluß einzubauen.

Die Stutzen zum Ablassen des Peches aus den Destillierkesseln und den Pechkühlern sollten nicht durch gewöhnliche gußeiserne Hähne, sondern entweder durch Schieber aus Flußstahl, die durch eine Schraubenspindel bewegt werden, oder durch heizbare Hähne abgeschlossen werden. Sie sollten ferner mit einer Einrichtung zum gefahrlosen Erwärmen (Auftauen) versehen sein.

10. Die Gefäße oder Behälter einschließlich der Druckfässer (Montejus), in die heißer Teer, heißes Pech oder heiße Öle abgelassen werden, sollten vollkommen trocken sein, und keine Reste von flüchtigen Ölen enthalten. Wasser oder nasser Dampf darf nicht in solche heiße Flüssigkeit gelangen. Das Vermischen von heißem Pech oder Teer mit Leichtölen darf erst erfolgen, nachdem erstere genügend abgekühlt sind. Solche Arbeiten sollten nur in geschlossenen mit einem guten Abzug versehenen Kesseln ausgeführt werden.

Druckfässer und andere geschlossene Kessel sollten erst gefüllt werden, wenn der Entlüftungshahn oder eine andere Öffnung zum Entweichen der Luft offen ist.

11. Das Einsteigen in die Destillationskessel und in Apparate oder Behälter, in denen Teer, Teeröle oder Pech enthalten waren oder in denen Karbolsäure ausgefällt ist, darf nur mit großer Vorsicht und unter

ständiger Aufsicht erfolgen, nachdem sie lange offen gestanden haben oder mit Luft oder Dampf ausgeblasen sind und nachdem alle Verbindungen mit anderen Kesseln oder Apparaten durch Herausnehmen eines Stückes des Verbindungsrohres gelöst sind. Die einsteigenden Personen sind anzuseilen. Solange jemand im Kessel weilt, muß sich außerhalb unmittelbar am Mannloch dauernd eine zuverlässige Person aufhalten, welche die eingestiegenen Personen beobachtet und sie nötigenfalls mit Hilfe des Seiles herauszieht. Der erste Aufenthalt im Kessel sollte höchstens 10 Minuten dauern. (Zweckmäßige Rettungsgurte zum Anseilen der einsteigenden Personen stellt nach den Berichten der Berufsgenossenschaft der chemischen Industrie 1923, S. 23 u. a. die Lederwaren- und Feuerwerksgerätefabrik H. Müller & Co. in Offenbach a. M. her. Sie sind nach dem Bericht bereits in einer großen chemischen Fabrik erprobt und können daher empfohlen werden.) Sollen Apparate, die im Innern ein Rührwerk enthalten, bestiegen werden, so ist möglichst der Deckel abzuschrauben und das Rührwerk herauszunehmen.

Solange sich jemand im Innern von Kesseln oder Behältern aufhält, sollte in der Nähe ein gebrauchsfertiger Sauerstoffatmungsapparat bereitgehalten werden und eine Person zugegen sein, die mit dessen Handhabung vertraut ist.

Die Beleuchtung im Innern der Kessel und Apparate sollte nur durch bruchsichere Glühlampen erfolgen, die mit höchstens 40 Volt Spannung betrieben werden.

12. Die Gefäße, in denen die Karbolsäure ausgefällt wird, sollten geschlossen und mit einem gutziehenden Abzuge versehen werden.

13. Das Überdrücken von Teerölen, besonders von heißen Teerölen mit Preßluft sollte möglichst unterbleiben, und die Beförderung durch Pumpen oder Einsaugen erfolgen.

14. Leitungen für heißen Teer, heißes Pech oder heiße Flüssigkeiten sind zu verkleiden oder so einzufriedigen, daß niemand damit in Berührung kommen kann.

15. Alle Gefäße und Behälter, in denen Teer- oder Teerbestandteile oder heiße Stoffe aufbewahrt oder verarbeitet werden, sollten fest und sicher abgedeckt oder mit einer wenigstens 90 cm hohen festen Umwehrung versehen werden. Die Abdeckung muß gegen unbeabsichtigtes Verschieben sicher sein.

16. Arbeiter, deren Kleidung mit Teer oder Teerölen beschmutzt ist, müssen diese baldigst wechseln und möglichst hinterher baden. Sie dürfen damit nicht in die Nähe von Feuerungen kommen.

17. Die Arbeiter, welche mit Teer oder Teerölen zu tun haben und diejenigen, welche Pech hacken oder verladen, sollten regelmäßig baden und ärztlich überwacht werden.

Die Arbeiter, die mit Teerölen oder mit ätzenden Stoffen zu tun haben oder Pech hacken oder verladen, sollten bei der Arbeit immer Schutzbrillen tragen.

Verlag von Julius Springer / Berlin

Schriften aus dem Gesamtgebiet der Gewerbehygiene. Herausgegeben von der Deutschen Gesellschaft für Gewerbehygiene in Frankfurt a. M., Platz der Republik 49.

Heft 7, I. Teil: **Bleivergiftung und Bleiaufnahme.** Ihre Symptomatologie, Pathologie und Verhütung mit besonderer Berücksichtigung ihrer gewerblichen Entstehung und Darstellung der wichtigsten gefahrbringenden Verrichtungen. Von **Thomas M. Legge** und **Kenneth W. Goadby.** Übersetzt von Dr. **Hans Katz †.** Herausgegeben und mit Anmerkungen versehen von Dr. **Ludwig Teleky.** Mit 6 Textabbildungen und 2 Tafeln. Nebst einem Anhang: Die deutschen und deutschösterreichischen Verordnungen zur Verhütung gewerblicher Bleivergiftung. Zusammengestellt im Institut für Gewerbehygiene von Else Blänsdorf, Bibliothekarin. VIII, 372 Seiten. 1921. RM 13.—

II. Teil: **Bleiliteratur.** Veröffentlichungen über Bleivergiftung, Spezialarbeiten und Merkblätter, Textangabe der Bleiverordnungen für das Deutsche Reich, Deutschösterreich und außerdeutsche Staaten. Zusammengestellt im Institut für Gewerbehygiene von Else Blänsdorf, Bibliothekarin. IV, 108 Seiten. 1922. RM 3.60

Heft 8 bis 10: **Internationale Übersicht über Gewerbekrankheiten** nach den Berichten der Gewerbeinspektionen der Kulturländer. Mit Unterstützung von Dr. **Ludwig Teleky** bearbeitet von Professor Dr. **Ernst Brezina,** Wien.
Übersicht über das Jahr 1913. VIII, 143 Seiten. 1921. RM 4.80
Übersicht über die Jahre 1914—1918. XII, 270 Seiten. 1921. RM 10.—
Übersicht über das Jahr 1919. VII, 118 Seiten. 1922. RM 4.20

Heft 11: **Die deutsche Bleifarbenindustrie vom Standpunkt der Hygiene.** Nach eigenen Untersuchungen 1921–1922. Von Geh. Hofrat Professor Dr. **K. B. Lehmann,** Direktor des Hyg. Inst. Würzburg. VI, 95 Seiten. 1925. RM 3.90

Heft 12: **Theophrastus von Hohenheim genannt Paracelsus: Von der Bergsucht und anderen Bergkrankheiten.** Bearbeitet von Professor Dr. **Franz Koelsch,** Ministerialrat, München. Mit 1 Bildnis. VI, 70 Seiten. 1925. RM 4.80

Heft 13: **Über die Gesundheitsgefährdung bei der Verarbeitung von metallischem Blei** mit besonderer Berücksichtigung der Bleilöterei. Von Dr. med. **Hans Engel,** Berlin. IV, 40 Seiten. 1925. RM 2.70

Heft 14: **Was muß der Arzt von der neuen Verordnung über die Einbeziehung der Berufskrankheiten in die Unfallversicherung wissen und welche Pflichten ergeben sich für ihn daraus?** Versicherungsrechtliche und ärztliche Hinweise. Unter Mitarbeit von Professor Dr. Hayo Bruns, Gelsenkirchen, Geh. Sanitätsrat Dr. Cramer, Cottbus, Dr. Martius, Berlin, Ministerialrat Professor Dr. Thiele, Dresden, herausgegeben von den **Fabrikärzten der chem. Industrie.** Mit 6 Abbildungen im Text und 1 Spektraltafel. IV, 72 Seiten. 1925. RM 4.50

Heft 15: **Die deutsche Fabrikpflegerin.** Von Dr. **Ludwig Schmidt-Kehl,** Assistent am Hygienischen Institut der Universität Würzburg. 31 Seiten. 1926. RM 1.80

Heft 16: **Gewerbestaub und Lungentuberkulose** (Stahl-, Porzellan-, Kohle-, Kalkstaub und Ruß). Eine literarische und experimentelle Studie von Professor Dr. med. **K. W. Jötten,** Münster i. W., und Dr. med. **W. Arnoldi,** Münster i. W. Mit 105 Abbildungen. VI, 256 Seiten. 1927. RM 27.—

Heft 17: **Die Staublungenerkrankung (Pneumonokoniose) der Sandsteinarbeiter.** Von Professor Dr. **A. Thiele,** Ministerialrat, Dresden, u. Stadtmedizinalrat Dr. **E. Saupe,** Dresden. Mit 22 Abbildungen. III, 69 S. 1927. RM 6.90

Heft 18: **Die Beseitigung der beim Tauch- u. Spritzlackieren entstehenden Dämpfe.** Bearbeitet von Oberregierungs- und -gewerberat **Wenzel,** Oberingenieur **Alvensleben,** Gewerberat a. D. Dr. **Witt,** Berlin. Zweite, neubearbeitete und ergänzte Auflage. Mit 36 Abbildungen. V, 47 Seiten. 1930. RM 3.90

Heft 19: **Ergographische Studien über die Funktion der Handstrecker bei Arbeitern verschiedener Bleigefährdung.** Zugleich ein Beitrag zur Frage der Vergleichsmöglichkeit ergographischer Untersuchungen symmetrischer Muskelgruppen. Von Dr. med. **Carl E. Albrecht,** Bremen. Mit 20 Abbildungen. III, 62 Seiten. 1928. RM 6.—

Heft 20: **Gewerbliche Augenschädigungen und ihre Verhütung.** Von Dr. med. **O. Thies,** Augenarzt in Dessau. Mit 35 Abb. IV, 43 Seiten. 1928. RM 4.80

Heft 21: **Das Sandstrahlgebläse** unter besonderer Berücksichtigung der Maßnahmen zur Vermeidung von Schädigungen bei seiner Verwendung. Unter Mitwirkung von Reichsbahnrat E. Lehmann, Nied a. Main, Gewerberat W. Vogel, Halberstadt, bearbeitet von Oberregierungsgewerberat a.D. **K. R. Maukisch,** Leipzig, und Oberingenieur **H. Sperk,** Leipzig. Mit 44 Abbildungen. V, 46 Seiten. 1928. RM 5.70

Heft 22: **Die Aschebeseitigung in Großkesselanlagen.** Unter Mitwirkung von Regierungs- und Gewerberat A. Pasch, Gumbinnen, Gewerberat D. Andresen, Berlin, Oberingenieur M. Schimpf, Essen, nebst Beiträgen von Gewerberat F. Budde, Bitterfeld, und Gewerberat Dr. A. Rosebrock, Köln, bearbeitet von **A. Rühl,** Ministerialrat, und **R. Schulte,** Direktor des Dampfkesselüberwachungsvereins der Zechen im Oberbergamtsbezirk Essen. Mit 23 Abbildungen. V, 46 Seiten. 1928. RM 4.80

MIX
Papier aus verantwortungsvollen Quellen
Paper from responsible sources
FSC® C105338

If you have any concerns about our products,
you can contact us on
ProductSafety@springernature.com

In case Publisher is established outside the EU,
the EU authorized representative is:
**Springer Nature Customer Service Center GmbH
Europaplatz 3, 69115 Heidelberg, Germany**

Printed by Libri Plureos GmbH
in Hamburg, Germany